中国建筑史话

楼庆西 著

典藏版

中国国际广播出版社

目　录

概述

中国是一个历史悠久的文明古国，曾经创造出光辉灿烂的古代文化，取得过科学技术上的伟大成就。中国又是一个多民族的国家，各民族在长期经济和文化的交流融合中，共同发展壮大。建筑，既是物质建设，又是一种文化建设。在中国各民族中，汉族的建筑数量最多，分布也最广；同时，各民族的建筑也各具特点，所以形成了中华民族丰富多彩的建筑面貌。从城市、建筑群到一幢幢单体建筑，都曾经创造出许多优秀的作品，它们是中国古人智慧的结晶，集中反映了中国古代建筑技术和艺术的高度成就。这些建筑，在漫长的历史发展中，逐步形成了自己的特点和独特的体系，在世界建筑中独树一帜，成为人类建筑宝库中的一份珍贵遗产。

中国古代建筑有什么特点呢？它的独特体系表现在哪些方面呢？概括地说，主要表现在以下几个方面。

一、木构架的结构方式

中国古代建筑，很早以前就采用了木构架的结构方式。就是说，房屋的骨架都是用木料制成的。它的基本形式是用木头柱子立在地面上，柱子上架设木梁和木枋，在这些梁和枋上面架设用木料做成的屋顶构架，在这些构架上再铺设瓦顶屋面。这种木构架的形式，从两千年前汉代墓穴中的建筑模型上可以看到，历史上留存下来的大量建筑也多是这种结构。这种木结构的建筑有许多优点。

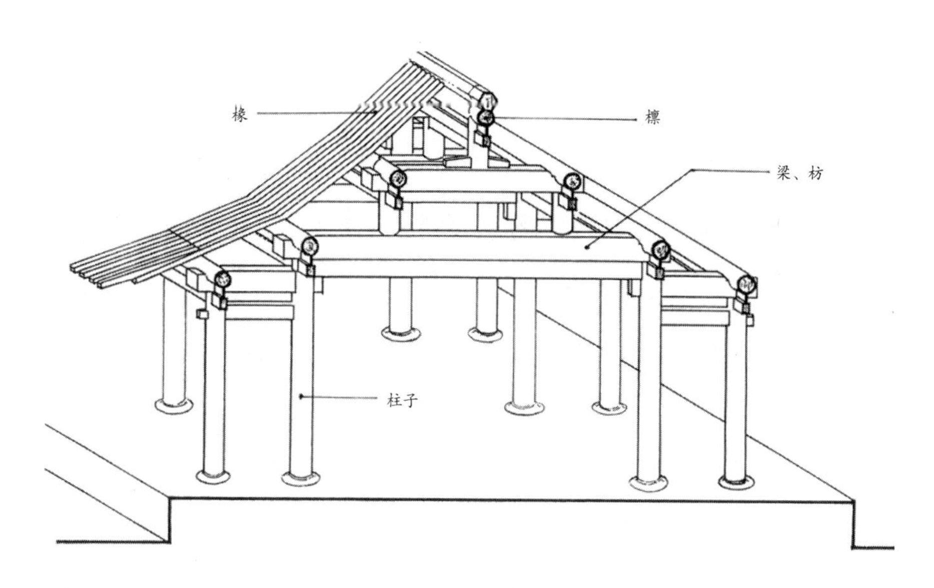

中国古代建筑木构架示意图

第一，在使用上有很大的灵活性。我们常说中国房子是“墙倒屋不塌”，就是因为这些房屋都是用立柱，而不是用墙体承受上面的重量，墙壁倒了，房屋依然立在那里。所以房屋的外墙和内墙都可以灵活处理。外墙可以是实体的墙，在北方寒冷地带，可以用厚墙，在南方炎热地区，可以用木板或竹编的薄墙；也可以不用墙而安门窗；甚至房屋四周都可以临空而完全不用墙；这样就满足了殿堂、亭榭、廊子等各类建筑的不同需要。在室内更可以按用途以板壁、屏风、隔扇分隔成不同的空间。

第二，防震性能好。因为木结构建筑的各部分之间绝大多数是用榫卯连接的，这些节点都属于柔性连接，加以木材本身所具有的韧性，所以当遇到像地震这样突然的袭击力量时，它可以减少断裂和倒塌，加强建筑的安全。山西应县有一座高达 60 多米的佛塔，全部用的是木结构，已经有 900 多年的历史了，曾经遇到过多次较大的地震，但至今仍巍然屹立。

第三，木结构便于施工建造。木材是天然材料，它不像砖瓦那样需要用泥土烧制，它比起同样是天然材料的石头，采集和加工都要容易得多。同时，在长期实践中，工匠们还创造了一种模数制，就是用木结构中一个构件的大小作为基本尺度，房屋的柱、梁、门窗等都以这个尺度为基本单位来计算出自己的尺寸大小，这样，工匠就可以按规定尺寸对不同构件同时加工，然后到现场拼装，较少受季节和天气的限制，加快了房屋建造的速度。

当然，木结构也存在着缺点。例如它的坚固和耐久性不如砖石结构；木材怕火怕潮湿怕虫类腐蚀，历史上遭受雷击而毁于火灾的建筑不计其数。所以木建筑比起砖石建筑，寿命要短得多，这也是历史悠久的古建筑保存下来为数不多的原因。

二、建筑的群体布置

我们看到的中国古建筑，总是成组成群地出现，大到一座宫殿、寺庙，小到一所住宅。先以最常见的住宅来分析，北方的四合院是住宅中最普通的形式，它由四座房屋前后左右围成一个院子，主人的住房在中间，子女用房在两边。这种把房屋围成一个院子，主要建筑在中央，次要建筑在两侧成均衡对称的布置方式成了中国古建筑平面布局的基本形式。宫殿是这样，寺庙也是如此，只不过宫殿庙宇的单体建筑更讲究，所围成的院子更大，前后左右组成的院落更多，成为更大的建筑群体。中国建筑由四根柱子组成的“间”为基本单位，由“间”组成各种不同形状的单座建筑，由单座建筑又组成大小不同的院落建筑群组，一座城市也主要由这许许多多不同用途的建筑群组所组成。

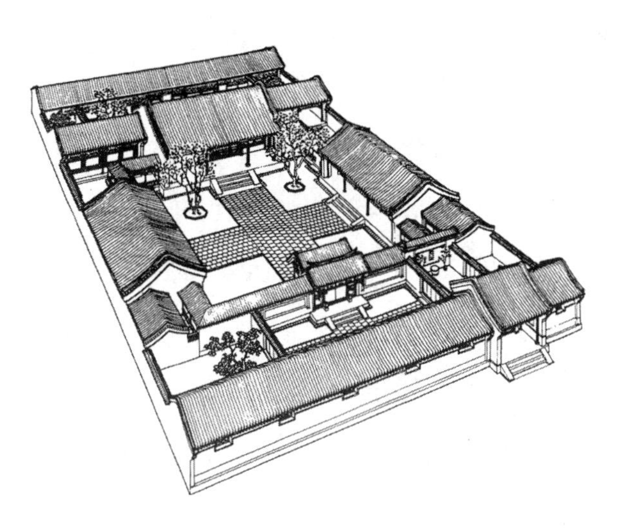

北京四合院住宅

（选自《中国古代建筑史》）

这种规整的建筑群组是我国古代建筑的主要形式，但并不是唯一的形式。在山区或者地形复杂的地方，各建筑之间或者各个院落之间不可能都前后左右完全整齐对称地排列，因而只能采取因地制宜的安排组合。在园林中，为了创造有变化的景致，有时还有意地将建筑分散灵活地布置，打破规整的格式。当然山区、园林里的这些建筑仍然是群组中的一个部分，它们不是独立存在的，只是组合方式与宫殿、住宅不同而已，正因为这样，才使得中国古代建筑呈现出丰富多彩的面貌。

三、建筑的艺术处理

中国古代建筑的艺术处理，有它鲜明的特点，这主要表现在：它善于将建筑的各种构件本身进行艺术加工而成为有特色的装饰，大到一座建筑的整体外形，小到一个梁头、瓦当都是这样。中国建筑的屋顶，由于木结构的关系，体形都显得庞大笨拙，但古代工匠却利用木结构的特点把屋顶做成曲面形，屋檐到四个角上都微微向上翘起，看上去，屋顶面是弯的，屋脊是弯的，屋檐也是弯的。在长期实践中，又创造了庑（wǔ）殿、歇山、单檐、重檐等各种形式，还把屋脊上的构件加工成各种有趣的小兽，使庞大的屋顶变成了中国古建筑一个富有特殊艺术形象的重要部分。房屋木结构的梁、枋出头也做成了蚂蚱头、麻叶头等各种有趣的形式，连一排排屋檐上的瓦头都进行了装饰，刻出各式花草、禽兽，增加了建筑的情趣。为了保护木材，在木结构的露明部分涂上油彩，这又为装饰提供了广施才能的场所，创造了中国建筑特有的“彩画”装饰。

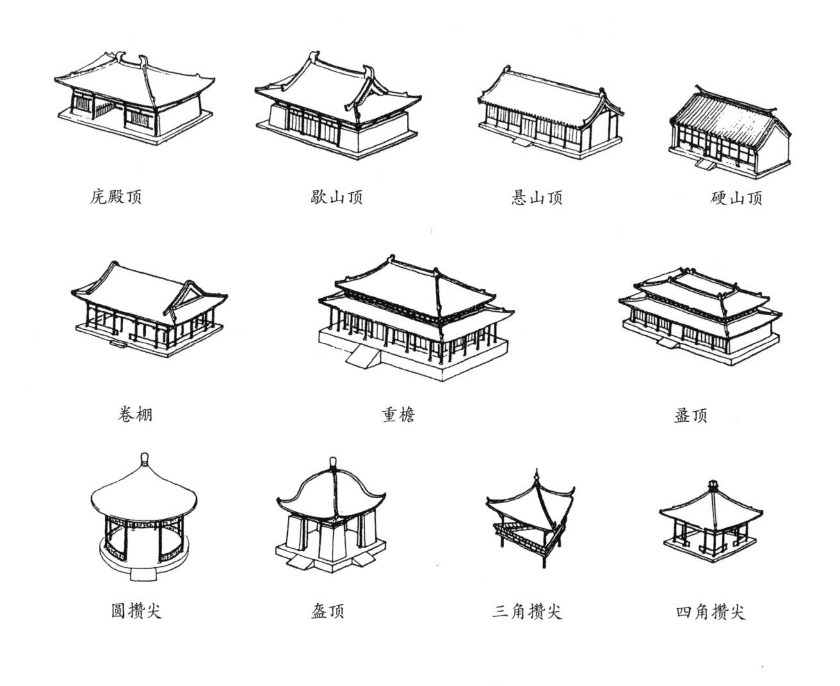

中国古代建筑屋顶形式图

在中国建筑装饰中，不但敢于用色彩，而且也善于用色彩。色彩浓重而鲜明成了中国古建筑的一大特色。一座重要的宫殿建筑，屋顶覆盖着黄色的琉璃瓦，屋顶下是青绿色调的彩画，殿身是红墙红柱和红门窗，下面有白色的石台基和深色的地面，在蓝天的衬托下闪闪发光。这样大胆地把黄与蓝、红与绿、白与黑几组相互对比的颜色放在一起，使整座建筑光彩夺目。古代匠师不但敢于用重彩，而且也善于用淡笔。在南方一些园林中，建筑多用白色的墙和青灰色的瓦，深咖啡颜色的木结构往往不加彩画，四周栽培着青竹、芭蕉，组成了色彩淡雅的园林环境。

按照不同的用途，中国古建筑分为宫殿建筑、陵墓建筑、坛庙建筑、宗教建筑、园林建筑和民居建筑六类。

第一章 宫殿建筑

宫殿建筑是古代专供贵族和皇帝使用的建筑。这些建筑都是集中了当时技术最高超的工匠，使用了最好的材料，花费了大量的人力和财力建造起来的。所以它们的规模最大，最华丽，最讲究，可以说代表了那个时期建筑技术和艺术的最高水平。

紫禁城太和殿远景

一、宫殿建筑的发展

据考古学家的发掘和古代文献记载，远在公元前16世纪的商代和公元前11世纪的周代就有了宫殿建筑。商代都城殷的宫殿建造在高约1米的土台上，房屋有的达80米长，14.5米宽。周代的宫殿建在王城的中央，成为一组建筑群，前面有五重宫门，中间有三道宫室。商、周两代都还处于中国的奴隶社会时期，当时的生产力还很低下，所以宫殿建筑当然也不会十分讲究。

秦代、汉代，中国已进入封建社会，生产力有了发展。秦咸阳和汉长安城的宫室规模大大地超过了前代，都成为自成体系的建筑群体，不但有供皇帝处理政事的宫殿，而且还有专供皇帝居住和游乐的建筑区。

唐代是中国古代社会的盛期，在规划严整的长安城内，宫殿建筑集中在宫城和皇城里，处于城市的北部。公元634年在长安城外建造的大明宫是一组规模很大的建筑群，主要建筑沿着中央的轴线布置。其中的主殿称含元殿，它建造在一个地势略高的台地上，前面有很长的坡道直达殿前。主殿的两翼还有伸向前方的配殿，形成三面环抱的格式，气魄十分雄伟，反映了那个时代强盛的国力。

宋代迁都到河南的开封，它的宫城居于都城的中心部分。宫城内主要宫殿也是沿着中央轴线布置，城的四面有城门，四角建有角楼。公元13世纪，元朝统一中国后，在大都城建造了规模很大的宫殿建筑群，宫殿建筑组成的皇城位于全城的中心。

我们从历代皇朝的宫殿建筑上，可以看到以下的特点：第一，中国古代的宫殿建筑都是单幢的建筑，它们的体量多不很大，分别满足统治者工作、生活、游乐等各方面的要求。第二，这些单幢的建筑按照一定的序列组织在一起，主要宫殿安排在南北方向的中央轴线上，次要建筑在左右两侧，前面为朝政用房，后面为居住和游乐建筑区。第三，这些宫殿建筑群又组成一座宫城，四周用墙相围，宫城自成一区，处在都城的中心位置上。这种形式已经成为一种固定的格式，在中国长期封建社会中，为历代皇朝所沿用。

二、北京紫禁城的建造

明成祖朱棣于公元 1403 年夺得帝位以后，将都城由南京迁至北京，命令陈珪和吴中负责规划北京城和建造皇城。这时，对都城的规划已经有了历代祖传的规矩，而且在北京又有元代留下来的基础，这就是皇城居中、前朝后市、左祖右社的格局。在皇城和宫殿建筑的建造上，明朝有大批技术成熟、经验丰富的能工巧匠，而且还有一批能设计、能组织施工的著名工匠。

公元 1407 年，陈珪、吴中调集人力，开始了大规模的皇城建造。建造的第一项工作就是准备材料。

宫殿建筑首先需要木料，建筑的柱子梁枋，四周门窗全部由木料做成，所以对木料不但需求量大，而且质量要求也高。它们的产地多在浙江、江西、湖南、湖北一带，从产地伐木，将木料趁夏季发水时期送入江河转入长江，再由运河运至北京，这个过程有的需要三四年之久。

其次是砖，皇城城墙用砖，建筑的墙和地面用砖，有的地面还得用三层砖铺，据统计，整座皇城建筑需用砖达 8000 万块之多。而且有的砖质量要求还很高，例如用作主要宫殿的地面砖称为“金砖”，它是用一种高质量的泥土烧制成的。这种泥土还要经过水泡、过滤，将泥土中的杂质都除掉，澄下颗粒很细的土，制坯进窑烧成砖后，还要将砖面打磨平整，用桐油涂抹，所以这种砖又称为“澄浆砖”，因其质地坚硬，表面有光泽，敲之有金属声，故称为“金砖”。“金砖”最著名的产地在江苏苏州一带，所有这些砖也多用船经运河送至北京。

石料在宫殿建筑中用量也很大，建筑下面的台基，台基四周的栏杆，石头桥，皇城中主要的路面都用石头建造。为了减少运输困难，尽量在北京附近的房山、曲阳等地取材。但石料的运输毕竟比木料和砖要困难得多，尤其那些体量很大的石雕，例如天安门前的石头狮子和华表石柱，其中最大的要算保和殿北面的那块御路石了。它长达 16 米，宽 3.17 米，重 200 余吨，这是指加工完成后的重量，如果按原来的毛料计算，分量还要重得多。这样重的石料是怎么从采石场运到紫禁城的呢？聪明的工匠想出了办法，这就是在运输的沿途一路打井，趁冬天取出井水泼在路上结成冰，形成一条冰道，将大石料放在旱船上，沿着冰道用成千上万的人力拉到北京，再在现场进行雕刻加工。

宫殿建筑还要用大量的琉璃瓦，为了就近取材，在北京附近设了好几处烧制琉璃砖瓦的窑场，现在北京城内的琉璃厂和门头沟的琉璃渠都是当年的琉璃窑址。北京西城区现在有一条大木仓胡同，鼓楼附近有一条方砖厂胡同，就是当时储存木料和方砖的仓库所在地。大木仓当时面积有 3000 间房屋那样大，可见宫殿建筑用木料数量之大。

这样的备料一共进行了十年，到公元 1417 年，诸事齐备，于是明朝廷征集了全国 10 万工匠，数十万劳工开始了大规模的施工。整座紫禁城占地 72 万平方米，房屋共有 1000 余幢 8000 余间，面积有 16 万平方米，但只花了三年就全部建成。明永乐十八年（1420），一座金碧辉煌的紫禁城完整地出现在北京城的中心。

三、北京紫禁城的规划

紫禁城有房屋 1000 余幢，怎样把这大大小小的建筑安排妥当，既要让它们能满足皇帝在工作、生活和游乐等各方面的需要，又要在这些建筑所营造的氛围中显示出帝王统治天下的威势，这就是我们要介绍的规划问题。

从建筑的功能上讲，可以分为供皇帝行使统治权力的办公用房和供生活、游乐的用房两大类。前者在古代称为朝政用房，后者称寝居用房。在总的安排上，紫禁城继承了前代的制度，即“前朝后寝”，朝房安排在前面，寝居部分安排在后面，这也是符合使用的要求的。

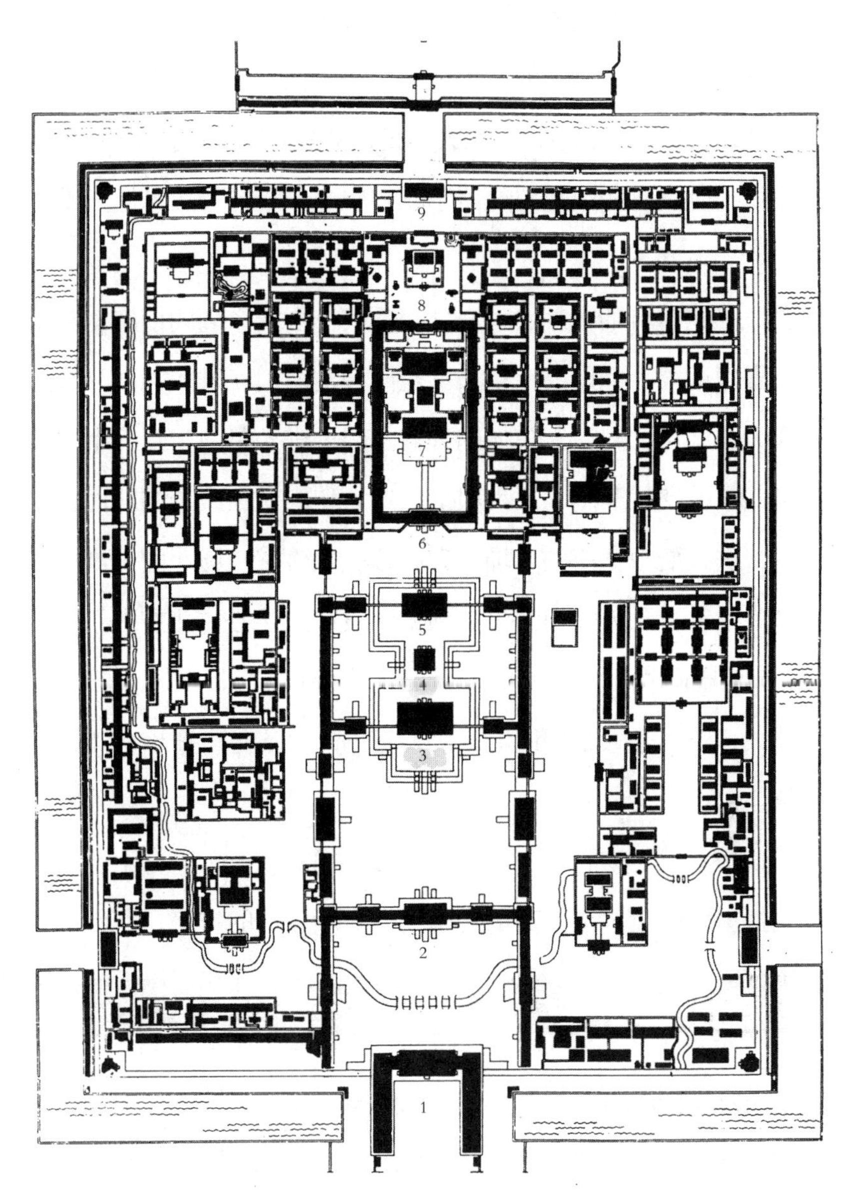

1. 午门　2. 太和门　3. 太和殿　4. 中和殿　5. 保和殿　6. 乾清门
7. 乾清宫　8. 御花园　9. 神武门

北京紫禁城平面图

前朝部分主要有太和、中和、保和三座大殿，其中最主要的是太和殿，它是国家举行重大典礼的地方。每逢皇帝登位、做寿、结婚、军事出征，以及新年、中秋等重大节日，皇帝就在这里接受百官朝贺，颁布命令，所以太和殿是整座紫禁城的中心。怎样突出这座大殿的地位呢?

首先在建筑群的规划上，在它前面安排了一系列的前奏。从皇城大门天安门进去，经过一个狭长的空间到达端门；进入端门又经过一个比较大的广场才到达紫禁城的入口午门；进入午门来到一个扁而宽的广场，眼前突然开阔，三大殿的入口太和门就在广场的北面；经过太和门，进入更为宽广的广场，太和殿就坐落在广场北面高高的台基上。这就是说，从天安门经午门到太和殿，需要经过几重殿门，几重广场，这些殿门和广场在体量和形式上都有变化，广场由狭长到宽广，由小到大；殿门是大小相间。总之，它们的目的是衬托出太和殿的重要地位。

其次在建筑的安置上，又将三大殿共同放在一个高台上。中国古代喜欢把重要的建筑建在高的台基上以显示它们的威势，所谓“高台榭，美宫室”就是这个意思。现在太和、中和、保和三座大殿共同建在一个台基之上，台基有三层，共高 8.17 米。另外，在广场两侧有两座配殿及其他的房屋相围，它们的体量都比三大殿小，都建在比较低矮的台基上，从总体环境上更加突出了太和殿的显赫位置。

后寝部分的房屋类型比前朝的多，这里有供皇帝日常办公的用房，皇帝、皇后、皇太子、皇妃、皇太后等人的居住用房和供他们游乐的建筑及服务性用房。在规划上可以明显地看到把皇帝办公和居住的宫殿即乾清宫、交泰殿、坤宁宫安排在中轴线上，其他建筑分列左右。东西各有六宫供皇妃居住；东西五所是皇太子住地；东有祭祖宗的斋宫，西有拜佛诵经的佛堂；还有专供皇族游玩的御花园；供乾隆皇帝退位当太上皇时使用的宁寿宫，等等。这些大大小小的建筑群之间都有通道相联系，它们排列在中轴线的两边，多而不乱，显得很有次序。

四、北京紫禁城的建筑

紫禁城建筑千余幢，自然不可能一一介绍，在这里只能集中介绍处于中轴线上的主要宫殿和大门，从中可以见到这一庞大宫殿建筑群的雄伟面貌。

（一）午门

这是紫禁城的大门，皇帝发布诏令，战争后接受战俘都在这里举行仪式。明代对触犯王法的官吏实行杖刑（打板子），也在午门外广场执行。午门的体形是中央主殿，左右向前环抱的字形，下面是一座高 10 多米的城台，台上中央是九间面阔的大殿，左右两边有两座方形的阙楼，连着廊屋向前伸出，在南端又各有一方形阙楼。这种形式在古代称为阙门，是大门的最高等级，具有一种雄伟的气势。

（二）太和门

这是前朝三大殿的大门，它面阔有九间，坐落在一层石台基上，大门前左右各有一只铜狮子蹲在石座上，昂首望着前方。大门前为什么要放狮子呢？狮子非中国产物，它原产于非洲，大约在汉代由锡兰国（今斯里兰卡）的安息国王作为一种礼物贡献给汉皇，从此传入中国。狮子性凶猛，俗称“兽中之王”，所以把它放在重要建筑大门的两旁以增加这组建筑的威势。我们在天安门前和紫禁城的好几组重要建筑门前都见到这种布置，而且还形成了一种固定的格局，这就是在门左边为雄狮，脚踏一彩球，右边为母狮，足踩一幼狮。太和门的左右两翼又有一侧门，它们与太和门一起组成为一组气势宏伟的入口。清朝入关的第一位皇帝顺治进入紫禁城，就是在太和门里举行下达第一项诏令仪式的。

（三）太和殿

它是紫禁城最重要的大殿，不但位于紫禁城的中心地位，而且其体形、装饰等各方面在整个建筑群中都是第一位的。

中国古建筑的大小都是以“间”来计数的，间数越多，房屋也越高，所以我们总是以间数的多少来衡量一座建筑的大小和规格。太和殿面阔 11 间，从地面到屋脊共高 26.9 米，在现存的古建筑中首屈一指。

中国古建筑的屋顶形式可以分为四面坡的庑殿、歇山、悬山、硬山等几种，庑殿、歇山屋顶又有单层檐和双层檐两种做法。各类建筑根据它们的大小和重要程度分别采用各式屋顶，所以屋顶形式又成为区分建筑等级的一种标志了。太和殿用的自然是属于最高等级的重檐庑殿式屋顶。屋顶上全部用的是黄色琉璃瓦，在蓝天的衬托下闪闪发光。

太和殿的墙和门窗全部是红颜色，在下面白色台基的衬托下，也显得非常鲜艳夺目。

太和殿从上到下，从里到外都进行了装饰。屋顶正脊的两端各有高达 3 米的正吻，样子是一个龙头，张嘴含着正脊，尾巴向上翘起。四条屋脊的前端有一串小形兽类，即称为走兽的装饰。

太和殿屋脊上的正吻

屋檐下面的木梁枋太和殿屋脊上画满了以青绿色为主调的装饰，称为“彩画”。木门、木窗上都有各种花纹的木雕。再看太和殿的室内，殿中央有六根油漆成金色的柱子，上面各有一条金龙盘绕。在这六根金柱的上方是一种称为“藻井”的装饰，就是在天花板的中央部分，向上升起一个方形的井口，井口逐层向内收缩，由四方形变为八角形，到最上面有一条盘龙做装饰，龙身盘卷，龙头向下，龙嘴衔着一个球形镜体。在金柱的下面放置着皇帝的宝座。宝座下面是木制的平台，台上安放皇帝坐的御椅，御椅后面有七扇宽的屏风，前面两侧分列着香炉、香几、仙鹤等摆设。如果说太和殿是整座紫禁城的中心，那么皇帝的宝座应该是中心的中心了。

太和殿屋脊上的小兽

整座太和殿，从屋顶到门窗都充满着装饰，在这里，用得最多的就是龙纹的装饰。

龙，是我中华民族的象征，关于它的起源，学术界至今争论很多，有的学者认为它是原始时代的一种图腾标记，是由蛇、鱼、虾、牛、鹰等诸种动物的形象综合而成的；有的学者认为龙是天上的云彩和闪电变幻而成的形象；也有学者认为龙就是生物界恐龙或者鳄鱼的形象；因为龙的起源涉及古生物学、原始宗教的起源、古文字学等问题，十分复杂，一时很难做出肯定的结论。但是不论它的起源如何，我们现在看到的龙形则是综合了诸种动物的形象逐渐发展而形成的，它是中华民族崇敬的一种神兽，这也是大家公认的。

自从汉武帝把自己称为龙的儿子以后，古代帝王都自称为“真龙天子”，认为自己是上天派到人间来统治百姓的。于是皇帝居住的建筑称为“龙宫”，皇帝穿的衣服称为“龙袍”，皇帝坐的椅子称为“龙椅”，皇帝所用的器具都用龙做装饰，所以在皇帝的宫殿上出现了大量龙纹的装饰。这座太和殿，前面台基中央皇帝走的御道上有九条石雕的龙，在屋檐下，在天花板上，在藻井里画满了各种姿态的龙，在门窗上也布满了木雕龙纹，在皇帝的宝座上，从台基、屏风到御椅无一处不雕着龙纹。在大殿的琉璃瓦顶上，正脊两头的正吻，屋脊上的走兽，虽说不是龙，也被称为龙的儿子。有人统计过，太和殿的上上下下，里里外外共有装饰性的龙 12 654 条，真可称得上是龙的天下了。

（四）中和殿、保和殿

中和殿是皇帝到太和殿上朝之前做准备的地方，面积比较小，陈设也较简单。保和殿是皇帝举行御试的地方，就是皇帝亲自对各地区选上来的进士举行最后考试的地方，所以面积较大，里面设有皇帝的宝座，但它的规模和讲究程度都不能与太和殿相比。

从外观上看，保和殿面阔九间，屋顶是重檐歇山式；而中和殿则平面是正方形，面阔只有九间，屋顶用的是攒尖顶，这是一种四面坡，四条屋脊向中央集中形成一个室顶的屋顶形式，经常用在平面是方形或圆形的房屋上。在这里，太和、中和、保和三座殿，同样是黄色琉璃瓦顶，红色的门窗，共处在同一个白色的平台上，但体形是两大夹一小，三座宫殿三种式样的屋顶，所以它们组成的建筑群在统一中又富有变化，在庄严中又不显呆板。

（五）乾清宫

它是紫禁城后寝部分的主要大殿，原是供皇帝和皇后居住的宫殿，皇帝也在这里接见大臣，处理一些日常的政务。清代雍正皇帝即位后，将寝宫迁至西部的养心殿，乾清宫就成为皇帝办公的专用宫殿了。平时接见大臣，商议朝政大事，会见外国使臣都在这里进行，所以殿内设有比较讲究的宝座。在宝座上方挂有一块“正大光明”的横匾。

中国古代社会的皇帝是世袭制，皇帝生前就要明确自己的继承人，所以皇位的继承就在众多皇子之间及在他们所代表的势力之间展开激烈的争夺。清康熙皇帝共有 35 个儿子，经过明争暗夺，最后还是由他的第四子胤禛继承了皇位。雍正即位后，鉴于先人的经验，他提出皇帝生前不宣布继承人的姓名，只将名字写下一式两份，一份藏在皇帝身边，另一份就藏在乾清宫这块“正大光明”横匾的背后，待皇帝死后，拿出两份名单对照无误再公布于众。形式上这种办法似乎正大光明了，但封建制度本身决定了在这块“正大光明”的横匾下，依然进行着钩心斗角的斗争。

（六）交泰殿、坤宁宫

坤宁宫在明代和清初是皇后的居住地，后来把殿内分为两个部分，东部为皇帝大婚时的洞房，西部为萨满教的祭祀场所，里面沿墙设有火炕、大锅，在这里可以宰猪烹肉，举行祭祀仪式。在乾清、坤宁两座宫殿之间有一座方形的交泰殿，规模不大，这是清代皇后在重要节日接受众皇族朝贺的地方，所以在装饰上出现了龙纹和凤纹并用的情况，龙代表皇帝，凤代表皇后，皇朝把民间最敬重的两种神兽都占为己有了。这三座宫殿和前朝三大殿一样，也是同处于一座平台上，外观上也是两大夹一小，但是在总体规模上，例如台基的高低，建筑周围院落的大小，建筑之间的距离等都比前三殿小得多。

（七）御花园

在紫禁城中轴线最后的一个部分就是御花园。这是专供皇帝游玩的宫中花园，它的面积并不大，约有 12 000 平方米，里面建有许多亭台楼阁。除了种植北方能生长的树木花卉外，随着季节变化还布置一些南方的花树盆景，还有从全国各地贡献来的奇异石景，使这里成为一处与前后三大殿气氛完全不同的园林环境。

（八）养心殿

养心殿并不在紫禁城的中轴线上，而在后寝部分的西部，原来是皇太后居住之地，清雍正后成为皇帝的寝宫了，并且平时还在这里召见大臣处理日常政务，所以在殿的中央设有宝座。殿的东暖阁也是皇帝与大臣议事的地方，清朝同治帝时，他的母亲慈禧太后幕后专权，每当皇帝听政，小皇帝坐在东暖阁的御椅上，椅后有一垂挂的帘子，帘后东、西太后分坐左右，御椅上的皇帝实际上是个傀儡，什么事都要听慈禧太后幕后的指示，这就是“垂帘听政”。如今东暖阁内依然布置着当时的家具陈设，成了这一段特殊历史的真实写照。

五、北京紫禁城的设计思想

在长期的封建社会中，建筑必然会受到社会的政治制度和意识形态的影响。封建集权的政治，严格的等级制度，对天地日月、神明祖宗的膜拜，对阴阳五行、诸子百家的信仰都会直接或间接地影响着建筑的内容和形式。这种影响在宫殿建筑中自然表现得更加明显，尤其在紫禁城，有些封建社会的政治制度和意识形态几乎成了规划设计时的直接指导原则，突出表现在以下几个方面。

（一）专制社会的高度集权政治和森严的等级观念是紫禁城建筑必须体现的原则

从总体布局上看，代表专制皇权的主要建筑都集中在紫禁城的中轴线上，其中最主要的太和殿又处于前朝的中心位置。从建筑本身上看，太和殿在整座紫禁城中体量最大，用的是最高等级的重檐庑殿式屋顶、最高等级的金龙和玺式彩画和最讲究的菱花槅扇门窗。总之，这座代表专制皇权的宫殿无论在地位，在体量，在装饰等各方面都是首屈一指的，充分地体现了皇权为中心，皇权第一的思想。

紫禁城的大门午门正面在城墙上开了三个门，左右侧面又各开一门，称左右掖门。为什么要开五个门，因为它们各有各的用处。中间大门是专供皇帝出入紫禁城用的；除皇帝外，皇后在成婚时可以从此门入宫；经过皇帝金殿御试，中了状元、榜眼、探花的头三名可以经此门出宫，但只许走一次，仅此而已。正面的东门是为文武百官出入的；正面的西门是供皇室的王公出入的。东西两侧的掖门，在皇帝升殿会见诸侯群臣时，文官出入东掖门，武官出入西掖门；举行殿试时，赴考的各地进士，按名次排列，单数走东掖门，双数走西掖门；一座皇城的大门，在使用上就体现出了多么森严的等级制度。

上下台基的台阶也是这样。重要宫殿的台阶都分为左中右三个部分，左右都有分步的台阶，而中央部分则是专供皇帝上下台基的，因此这一部分称为“御道”，上面往往都雕有龙纹作装饰。其实皇帝也不真走，都是用轿子抬着从台阶上面悬空过去的。

从建筑的装饰上看，这种等级制也很明显。宫殿建筑群的重要大门用的是一种版门，它的形式是用厚木板拼联做成，上面有一排排的门钉。这种门钉原来是用来固定木板的钉子头，后来就逐渐成为门上的一种装饰了，而且这种装饰还被赋予等级的差别。明代规定，皇宫建筑的版门用红门金钉，以下皇族官吏按级别大小依次用红门、绿门、黑门，金钉、铜钉、铁钉。此外还在门钉数量的多少上做文章，皇宫大门用钉最多，即九路九排共 81 枚门钉，往下依次用七路七排 49 枚，五路五排 25 枚，等等。所以我们在紫禁城的午门、太和门、神武门等大门的门扇上都看到用的是红门金钉 81 枚这种最高等级的版门。

紫禁城宫殿大门

前面已经讲过，在宫殿建筑屋脊上有一系列琉璃小兽作装饰。这种走兽装饰的最高等级也规定用九个，即龙、凤、狮、天马、海马、獬豸（xiè zhì）、斗牛、狻猊（suān ní）、押鱼，从前到后依次排列。紫禁城前三殿中的太和、保和殿和后三宫中的乾清、坤宁宫屋顶上用的都是九个；中和殿、交泰殿就只能用七个；太和门地位重要，也用的是七个，比它次要一点的乾清门只能用五个；我们在御花园的一些亭、阁上则看到只用三个走兽了。这当然是合乎等级制的，但是这里又出现了一个问题，就是太和殿、保和殿、乾清宫都是用九个走兽，又怎样突出太和殿呢？原来，工匠在太和殿九个走兽后面又特别加了一个“行什”（háng shí），行什不是兽而是一个人物，在这里算是一个压队的吧，这样才能把太和殿与其他大殿区别开来，这在古建筑上可算为孤例。

（二）阴阳五行等意识形态的作用

阴阳五行学说是中国古代的一种哲学观念，是对客观世界的一种看法。阴阳是认为天下万物凡天地、日月、昼夜、男女皆分为阴阳；连数字中的正负数、奇偶数，方位中的上下、前后都分属阴阳；阴与阳二者既相互对立又相互依存。元代在各地还设有阴阳学官，专管观天文、星卜，定宅地方位，趋吉避凶等事务。五行是指构成物质的五种元素，即水、火、木、金、土，后来又将方位分为东、南、西、北、中，色彩分为青、黄、赤、白、黑，声音分为宫、商、角、徵、羽五音阶，并且还建立了五种元素与五个方位、五种色彩、五种音阶之间的有规律的组合关系。

紫禁城建筑群的设计建造也受这种阴阳五行的影响。

在规划布局上，外朝为阳，内寝为阴；前为阳，后为阴；所以阳在前，阴在后，形成前朝后寝的布局。在数字中，奇数为阳，偶数为阴，所以外朝有三大殿，而内寝只有二宫（交泰殿原来没有，是后期加建的）。我们进午门来到太和门前广场，可以发现有一条金水河呈拱形横列在太和门前，上面有五座金水桥架在河上。其实这条河并非原有的自然河流，而是人工挖成的。古代建房宅讲究选择好的地势环境，一般来说，房屋背山面水较为妥帖，背有山挡风，前有水源，有充足的日照。这种最佳的环境位置被固定下来成为一种吉利的象征，所以即使在没有这种天然条件的情况下，也要用人工创造出来以求得吉祥。太和门前这条金水河就是在建造紫禁城时挖出来的。自宫城的西北角开始，引护城河之水，先后经过武英殿、太和门、文渊阁、南三所、东华门等重要建筑和宫门前，到东南角又流入护城河，形成好几处建筑前面临水的环境。在紫禁城的北面，又利用挖护城河的土堆积了景山。这样对紫禁城来说，就等于有一个背山面水的吉祥格局了。

数字在阴阳五行中也代表着一定的意义。古代以单数为阳，偶数为阴，而在阳数中又以九字为最高，所以九字数就成为皇帝专用的吉祥数了。于是台阶御道上雕着九条游龙；重要的影壁上有九条蛟龙称为九龙壁；皇宫门上是九路九排 81 枚门钉；连屋脊上小走兽也以九个为最高等级。

六、沈阳故宫

我国保留下来的古代宫殿建筑除北京紫禁城外，还有一座沈阳故宫，这是清朝没有入关以前在辽宁沈阳建造的宫殿。清太祖努尔哈赤原来是东北女真族（满族）的首领，他在兼并各部落取得统治权建立后金王国后，将百姓统统组织在八旗之下。八个旗的首领皆由他本人和他的兄弟、儿子、侄子担任，战时统率作战，平时管理户籍、田税、徭役等事，所以旗是努尔哈赤政权的组织形式，旗王成了他政治上的主要辅臣，每遇大事，都要在王殿前面支起八座帐幕，分列两侧，召集八旗诸王和大臣共议国事。公元 1622 年努尔哈赤迁都至沈阳，立即建造了宫殿，这就是如今沈阳故宫的东路。东路建筑以居中的大政殿为主殿，这是举行国家大典的殿堂；殿的前面保持了八旗帐幕的形式，建立了十座王亭，除北端的两翼王亭外，其余八座按八旗的序列呈八字形分列左右，这里是召集八旗王商议国事的地方。这样的布局在古代宫殿建筑中尚未见过，实际上是这个时期统治阶级政治要求在建筑上的体现。努尔哈赤死后，他的儿子皇太极继位，改国号为清，加强了中央集权，削弱了八旗王的势力，使十王亭失去了原来的作用。皇太极还在大政殿的西面另建了一组以崇政殿为主的宫殿建筑，这就是沈阳故宫的中路。中路南面的大清门是故宫正门，进门经过御道直到崇政殿。崇政殿是皇太极处理国事的主要殿堂，凡朝会，接见使臣，重要宴会都在这里举行。它的后面清宁宫是故宫的寝殿，建在一座三米多高的台地上，前有凤凰楼作为这组后宫建筑的入口，上到高台后建有五座宫殿供皇帝、皇后和嫔妃们居住。沈阳故宫的西路部分是乾隆皇帝于公元1781年北巡沈阳时增建的建筑群，包括戏台和存放《四库全书》的文溯阁。

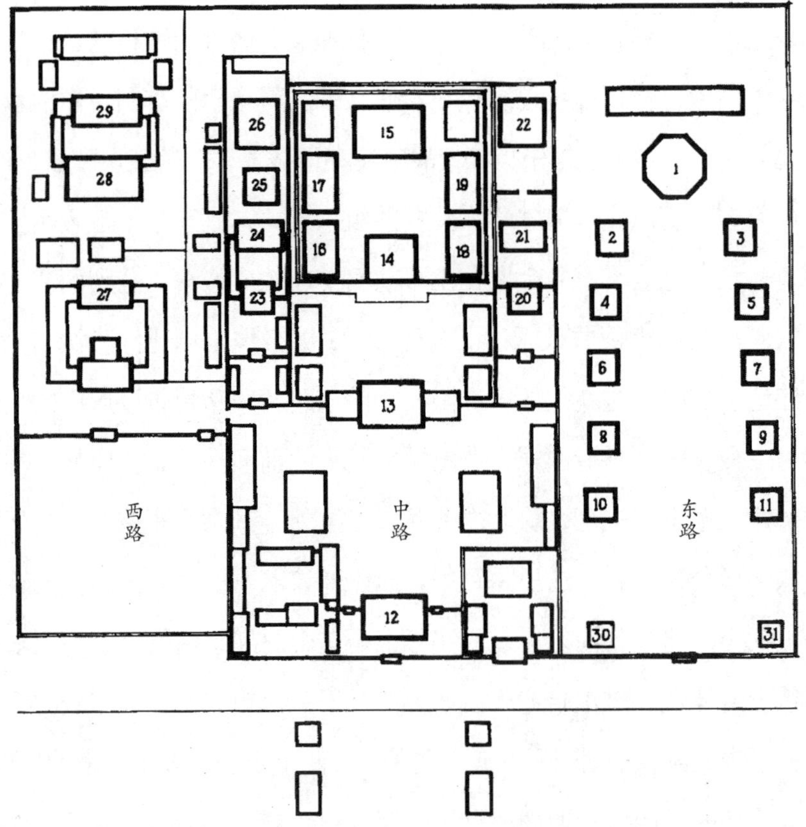

1. 大政殿　2. 右翼王亭　3. 左翼王亭　4. 正黄旗亭　5. 镶黄旗亭　6. 正红旗亭　7. 正白旗亭　8. 镶红旗亭　9. 镶白旗亭　10. 镶蓝旗亭　11. 正蓝旗亭　12. 大清门　13. 崇政殿　14. 凤凰楼　15. 清宁宫　16. 衍庆宫　17. 麟趾宫　18. 永福宫　19. 关雎宫　20. 颐和殿　21. 介祉宫　22. 敬典阁　23. 迪光殿　24. 保极宫　25. 继思斋　26. 崇谟阁　27. 嘉荫堂　28. 文溯阁　29. 仰熙斋　30、31. 奏乐亭

沈阳故宫平面图

从总体看，沈阳故宫的东路和中路代表了清朝早期在入关前的建筑形式，它们与明朝宫殿建筑相比较，有哪些特点呢？

第一，从建筑的总体布局看，沈阳故宫既继承了汉族宫殿的传统，又表现了女真族的特点。无论是东路还是中路的建筑都是按照中轴对称的形式来布置的。东路大政殿居中，十座王亭左右对称地分列在前面；中路的大清门、崇政殿、凤凰楼、清宁宫等主要殿堂均安置在中轴线上，两边各有配殿布置组成前后几个院落；宫殿还是前朝后寝的格局；这些都是汉族传统的形式。但是东路十座王亭的设置本身却表现了女真族后金国的传统。中路的后寝部分建在高台上，形成前殿低、后宫高的格局，与明朝紫禁城前朝三大殿高居于高台基之上，内廷后三宫低于前朝的布置恰好相反。这种宫高殿低的形式与女真族的生活习惯有关，女真族长期生活在长白山区，习惯居住在高台地，努尔哈赤建立后金国后曾经在新宾、辽阳等地建造宫室，这些建筑也大都建造在高地之上，或者在山地上加筑高台，在高台上再建宫室，这种习惯也自然地被带到沈阳故宫。

第二，在建筑形式上，沈阳故宫还没有完全掌握明朝已经形成的宫殿建筑的传统式样。北京紫禁城的太和殿、乾清宫用的是最高等级的重檐庑殿式屋顶，保和殿、太和门用的是重檐歇山式屋顶，其他建筑也分别按不同的等级而采用不同的屋顶形式，在建筑构造上反映出一整套严格的古代等级制度。但是在沈阳故宫，最主要的大政殿却用了八角形重檐尖式屋顶，崇政殿只用了最一般的硬山式屋顶，从建筑风格上就没有反映出这些建筑的地位，而只有靠装饰来显示建筑的重要性了。例如在崇政殿内设置了一座讲究的宝座，宝座下有木台，座上加设了有顶的凉亭，称为堂陛，堂陛的梁枋、御座和屏风上都布满了木雕装饰。殿内顶上虽然没有做天花，但在梁枋上也都绘满了彩画，使简单的硬山顶的崇政殿内依然显得十分华丽。

第三，在建筑装饰上，沈阳故宫既沿用了汉族建筑的传统装饰，又可以看到满族、蒙古族地区特有的一些形式。龙作为皇帝的象征，也被沈阳故宫广泛地采用，大政殿的正面檐柱上特别做了金龙盘绕柱身，龙头探出，左右相对，在中间的枋子上安了一颗带火焰纹的宝珠组成一幅立体的二龙戏珠图案。大政殿内的藻井中央也有满涂金色的木雕龙。在崇政殿和大清门的檐廊内，连接内外柱子的短梁完全做成了一条龙的形式，龙头和龙爪伸出在外檐柱子的外面，龙身插入内柱，有的还将龙尾伸入到室内，形象十分生动，这种式样和风格在汉族官式建筑中是很少见到的。琉璃很早就成为宫殿建筑的装饰材料，努尔哈赤和皇太极在建造沈阳故宫时，因为附近有海城烧琉璃的基地，所以大量地使用琉璃构件来进行装饰。主要宫殿的屋顶用黄琉璃瓦，有的在四周加用了绿琉璃瓦做边；在硬山屋顶的崇政殿上，除了全部用琉璃瓦顶外，还在左右两头墙面的博风板和正面墙头上全部用琉璃装饰，几条屋脊和博风板上满布着琉璃的龙，一条接着一条，每条龙的龙头前还有一颗宝珠，龙是蓝色的，中间还有绿色的水浪，在黄色的底子上，色彩十分鲜艳，在屋顶上组成了一条夺目的彩带，极大地加强了这座宫殿建筑的表现力。

从沈阳故宫的规划布局、建筑形式和建筑装饰三方面都可以看到清朝早期建筑的一些特点，这就是一方面反映了本民族原来的政治状况和生活习惯，另一方面采纳、沿用了汉民族的传统形式和技法。它说明清太祖和清太宗在建造清皇宫的过程中十分注意吸收各民族较为先进的技艺，注意招募各民族的工匠艺人，使沈阳故宫的建筑具有多民族文化相互融合的特点。

第二章 陵墓建筑

中国古代社会中，始终很重视人死后的墓葬。这是因为古人认为，天下万物皆有灵，人死只是表示离开了现实的世界，而人的灵魂却永远不会消灭，它将一直生活在“冥间”。这个“冥间”在佛教中称为“彼岸”佛国，在那里没有人间的种种苦难与罪恶，是一块纯洁的“净土”。这种认识，反映了人们的一种愿望，是因为对现实世界的失望而产生的一种理想。正因为有这种世界观，才使得古人把墓葬看作是一种与结婚同等重要的终身大事，民间的红白喜事就是指的这两种风俗。

墓葬制度随着人们的经济状况和民族习俗而有很大的不同。古代劳动人民食不果腹，衣不蔽体，死后哪里还有钱来修坟建庙，有的连口棺材也置办不起，只有用张破席将尸体一裹，埋入土中，最多买点纸钱在坟头烧烧，祈求亡人在冥间平平安安。稍有钱的人家，则死人入棺不深埋入土，地上起坟头立石碑，送葬时焚烧纸人、纸马、纸房子，加上一堆金纸、银纸做的元宝，让这些钱财、牲畜、房屋连同主人一起去冥间，供主人永久享用。墓葬对于奴隶主与皇帝，就与老百姓大不一样了。历代统治者都讲究厚葬，他们认为建造豪华的陵墓，举行隆重的葬礼，不仅是为自己造福，也是荫及子孙的大事。历史上多少代帝王登位之初就大兴土木为自己建造宏大的宫室，与此同时，他们也早早地选址营建死后的陵墓。秦始皇灭六国建立了统一的秦帝国。他定都咸阳，在南山之下规划建造了庞大的宫殿建筑群，同时也在骊山之下、渭水之滨营建了庞大的陵墓。清代入关的第一位皇帝顺治，6 岁登基，7 岁入关进紫禁城，在位不过 18 年，死时才 24 岁，但就在这短短的岁月中，也不忘在生前营建他的墓穴。相传顺治皇帝有一次出外狩猎，出京城奔赴东郊的燕山，上到凤台岭的山头。他站在山巅极目四望，发现这一带山峦重叠，气势壮丽，于是下马选择了一块向阳之地，向苍天祷告，随即取下手上佩戴的射箭用的白玉扳指向山坡下扔去，对着周围大臣宣示："此山五气葱郁，可为朕寿宫。"并说扳指落地处即为墓穴，当即打桩立标，后来就在这里兴建了清东陵的第一座皇陵。清代后期，两朝垂帘听政、赫赫有名的慈禧太后，在她儿子当皇帝时就开始建造自己的陵墓，当时她方 38 岁。陵墓建造了 6 年，1879 年完工，花费了白银 227 万两。时隔 16 年，1895 年，正是中日甲午战后，中国向日本割地赔款，国库空缺，加以连年灾荒，民不聊生，但慈禧全然不顾，利用手中凌驾于皇帝之上的大权，为了自己死后的荣华富贵，命令将已建好的陵墓的主要三座殿全部拆除重建。历经 14 年，直至慈禧死时才完工，成为清代十分讲究的一座陵墓。皇帝把陵墓当成是自己死后的宫殿，而且相信自己在冥间的生活比在现实世界要长得多，所以总是不惜血本地建造这种宫殿。从现存的皇陵来看，帝王的陵墓建筑可分为地下与地上两个部分。地下部分称为“寝宫”或“地宫”，为了求得坚固耐久，都用砖石结构，形式多模仿主人生前的房屋，内放主人遗体与遗物。地上部分为供后人祭祀用的建筑，在最前面有石人石兽排列的墓道，有陵门、陵殿、碑亭、牌楼等，组成一组建筑群体，在建筑周围广植常青树木，形成一个独立的陵区。

由于我国地域广阔，民族众多，所以在陵葬制度上也形成许多不同特点。汉民族多棺木土葬；在新疆等干旱地区的回族则习惯将尸体用白布包裹好放入地下，地上建造具有清真寺特征的墓葬建筑；西藏地区人死后，有一种将尸体抬上山顶，任天上飞鸟啄食，伴以一定的宗教仪式，称为“天葬”的习俗，意思是人的灵魂随着飞鸟啄食肉体而升上天堂。

陵墓建筑随着古代丧葬制度的产生而逐步完备，带有浓厚的宗教色彩，正因为如此而使陵墓建筑具有相当大的特色。在这类建筑中，除了房屋本身外，还有众多的雕刻、绘画和碑帖文字，它们与建筑融合在一起，成为古代建筑中一份丰富的遗产，从一个侧面反映了我国古代的文化。

一、陵墓建筑的发展

根据考古学家的发掘，远在公元前 21 世纪到前 11 世纪，也就是我国进入奴隶社会的初期，夏、商代就有了陵墓建筑。河南安阳曾是商代的都城，现在挖掘出来的不仅有一定规模的宫室建筑区，而且还有陵墓区。在这个区内发现有十几处规模不小的墓，这些墓的形状是在土中挖方形的深坑作为墓穴，穴四周用方木垒砌，下铺木板，上列木枋，成为一种完全用枋木垒造的井干式的墓室，称为椁（guǒ）。在椁室的内墙表面还发现有彩色的绘画和雕刻的花纹。从墓穴至地面有斜坡相通，这些墓穴都在地面 8 米以下，深的有达 13 米，墓道长达 32 米。墓穴中除奴隶主的遗骨外，还有一些石器和陶器，这些都是死者生前的用品。值得注意的是在这些墓内还发现有数以百计的人的遗骨，这显然是作为人殉而随奴隶主一起入葬的，反映了奴隶社会早期野蛮的殉葬制度。

秦始皇统一中国后，兴建了规模空前的宫殿建筑群，同时也建造了规模空前的秦始皇陵。皇陵建在今陕西临潼区的骊山北麓，陵的形状是方形的锥体，底边南北 350 米，东西 345 米，高达 43 米。陵体的四周有两重围墙，呈南北长、东西窄的长方形，内墙周长 2500 米，外墙周长 6000 米。根据文献记载，这座陵墓里“穿三泉，下铜而致椁，宫观百官奇器珍怪陟臧满之，令匠作机弩矢，有所穿近者辄射之。以水银为百川江河大海，机相灌输，上具天文，下具地理。以人鱼膏为烛，度不灭者久之。”（《史记·秦始皇本纪》）根据这些描绘，我们可以看到，地宫内有宫殿、有文武百官的雕像，放满了珍珠宝石；天花板上有日月星辰的标记，地上挖出江河大海的形状，里面灌满水银；用鱼膏作蜡烛照亮墓室；为了防止后人的盗掘，还专门让工匠制造了弓箭安在门上。皇帝想的、做的可算是很周全了，自然，鱼膏蜡烛不可能燃烧两千年，防卫的弩矢也可能早已失灵，但墓室至今未曾发掘过，所以文献上的记载一直未能被证实，秦始皇陵的真面目始终是个未解开的谜。不过，近十多年来，考古学家却做了件大好事，在秦始皇陵体的周围陆续发掘出建筑遗址、铜制车马和大规模的兵马俑。兵马俑是一种随葬品，这和殷墟商代墓穴遗址中发现的人骨具有同样的性质，但在这里，陶土的俑代替了活人，这不能不说是皇权社会比奴隶社会的一大进步。从这么大规模和这么精致的铜车马、兵马俑身上，我们可以推测出始皇陵的宏大与豪华确是空前的了。

汉代继承秦代的制度，十分重视陵墓的建造。据文献记载，秦汉以来，陵墓不但在平地上建高大的陵体，而且在陵前设石麒麟、石辟邪、石象、石马等雕像以表示墓主人生前所享有的地位并起到守卫陵墓的象征作用。这种形式在现存的汉代陵墓中开始发现。汉武帝时期名将霍去病墓前的石雕是这种布置的第一个例子。石雕作品除兽类外，还有一种放在陵墓最前面的石阙左右各一，成为陵墓的入口标志。它的形式为长方形的石碑上安有木结构形式的屋顶，相当于一件大型的石雕作品。可以看得出，中国古代的陵墓建筑到了秦汉时期已经形成了地下和地上建筑相结合的群体，地上建筑开始有了神道，道旁布置有石雕刻和石建筑。秦汉以后，三国鼎立，国家分裂，战乱不止，经过300余年到了隋唐才又获得统一，中国专制社会进入了一个昌盛繁荣的时期。皇帝继承祖制，更加重视陵墓的建造，唐代帝王陵墓的最大特点就是比前代更加追求陵体的高大，更加追求陵区总体规模的庞大与气势。唐太宗不满足于挖地堆土为陵体而开创了开山为陵的先例，这就是选择有气势的山脉为陵体，凿山石筑造墓室。这种做法最有代表性的是唐乾陵。乾陵是唐高宗与武则天皇后的合葬墓，选择在西安附近的乾县梁山地区。梁山的北峰高大雄奇，海拔近1047米，在它的南边有两座小山峰左右呈对峙状。乾陵将地宫安在北峰的山腰，在北峰四周筑以方形围墙，四方各开一门。在北峰之南有一条长达 4 里的墓道，在墓道两旁排列着 100 余尊石人石兽，直抵南端的入口阙门。梁山南面二峰左右对峙在墓道东西，峰顶上还建有阙亭，成为乾陵的天然阙门。这种利用天然山势环境，加以人工规划设计而形成的庞大陵区，的确比前代完全由人工创造的陵墓更显得有气势，更能体现出专制帝王的唯我独尊和一统天下的意志。

唐以后进入五代十国，国家又四分五裂。公元 960 年，宋代统一中原，虽然在经济上有所恢复，但与北方的辽、金、夏先后对峙，在政治和军事上一直没有得到像唐朝盛期那样的安宁与强大。这种状况反映在陵墓建筑上，最明显的是规模比唐代小了。宋代有规定：皇帝、皇后在生前不许营建自己的陵墓，只能在死后再选址建陵，而且要在七个月内建成安葬。这种规定加上经济条件的限制，宋陵规模都不大，而且诸陵形式多有雷同。北宋九个皇帝的陵墓都建在今河南巩义市境内，各座陵墓都采用平地起陵台的形式，在方形陵台四周筑围墙，四面开门，四角建阙楼，陵南面是墓道，两边排列着石人石兽。宋陵的规模虽小，但是可以看出，前有墓道，后有寝殿，陵台在后，台下为墓穴，这种地下地上相结合的形式已经成为中国古代皇家陵墓的固定格式了。

宋代由于农业、手工业的发达带动了商业的发展，使社会上出现了一批富有的商人和官吏，这样倒引出了一批较为讲究的中型坟墓，这类宋、辽、金时代的墓穴在河南、山西、河北等地多有发现。它们都以砖石为结构，在墓穴的四壁雕有装饰，其内容多为描绘墓主人生前的生活情景，形象生动而自然。

二、明清两代的皇家陵墓

蒙古族统治中原将近一百年，至公元1368年朱元璋打败了元代统治者建立了明朝。明朝建立之后，继承历代汉族统治的传统，大力提倡儒学，特别崇尚以礼治国。明朝一开始就为文武官员制定出严格的坟墓规矩，并明确禁止火葬与水葬，如果有循习元人焚弃尸骸者还要定罪。朱元璋自己的孝陵建在都城南京，前有排列着石人石兽的墓道，后有举行祭祀活动的稜恩殿。殿后为墓穴上方的大土堆，筑成圆形城堡，称作“宝城”。在宝城前另建高大城台，城台上有城楼，称为“方城明楼”。这种布置奠定了明代皇陵的基本格式。

（一）北京明十三陵

永乐皇帝朱棣登位以后，迁都北京。这个迁都的决定虽然到永乐十八年（1420）才正式宣布，但朱棣从1407年就开始了大规模地规划北京和建造皇城；与此同时，他也不放松对陵墓的修建。公元1409年，朱棣当皇帝后第一次到北京，就派人在北京附近寻找风水宝地，修建皇陵。皇宫开始兴建，皇陵也开始选地，表示了他迁都北京的决心。

明代皇陵选择的地点是在北京昌平区以北的天寿山南麓。天寿山是燕山山脉的支脉，山势除北面外还向东西两侧绵延成三面环抱的形式，形成了一个南面开阔的小盆地。朱棣的长陵就坐落在这块盆地的北面山下，坐北面南。自朱棣以后的 12 代明皇的陵墓都依次建在长陵的左右，形成了一个庞大的陵区，称为“明十三陵”。

1. 石牌楼　2. 碑亭　3. 神道　4. 长陵　5. 定陵

明十三陵平面图

明陵与以往的唐陵、宋陵有什么不同呢？第一，明十三陵虽都是背山而建，但不像唐陵那样以山为宝顶，开山为墓穴。明陵的墓室都是挖地而建，上覆黄土堆为宝顶，与地面建筑组成完整的建筑群体。第二，明皇陵与宋皇陵一样都集中建造在一起，各座皇陵都自成体系。但它与河南巩义市的宋皇陵不同的是各座皇陵既独立又互有联系。13座陵墓有一个总体规划，有一个总的入口，有一条共有的神道。13座陵墓组成一个极其壮丽而又十分完整的陵区，这是过去历代皇陵所不曾有过的。

整个陵区周围约有80里，正门在南面，名为大红门。在大红门的前面还有一座高大的石牌坊，是陵区的标志。进入大红门，迎面是一座高大的碑亭。所谓碑亭，就是专门置放石碑的建筑，平面呈方形，四面开门所以称亭。高大的"大明长陵神功圣德碑"置于亭的中央，上面刻的是明仁宗朱高炽为朱棣作的碑文。过碑亭再往北就进入了陵区的神道。神道南端有一对六角形的石柱，往后有狮、獬豸、骆驼、象、麒麟、马六种石兽共12对，其中卧像、立像各半。石人有勋臣、文臣、武臣三种共6对，全为立像。这18对石雕像分列神道两旁，十分壮观。走过神道，迎面是一座棂星门，进门后又经过两座石桥，地势逐渐升高，道路才分向各座皇陵。如果一直往北就来到长陵。从石牌坊到棂星门，共长2600米，设置了一连串的碑亭、石雕和门座，的确显示了皇陵特有的宏伟气势。

明十三陵碑亭

下面着重介绍长陵的建筑。

长陵于永乐七年（1409）开始建造，11 年完工，形制完全模仿南京明孝陵。陵墓建筑分前后三进院子，第一进院子在陵门与祾恩门之间，院内原有神库、神厨和碑亭，是存放和制作祭祀用品的建筑，如今只剩下碑亭了。

第二进院子即陵墓主要祭祀用建筑祾恩殿所在地，祾恩殿规模之大仅次于紫禁城的太和殿，而且大殿的柱、梁、枋等构架全部用的是名贵的楠木制作，所有立柱都是整根的楠木，最大的直径达 1.7 米，这是太和殿也没有的。大殿的屋顶也是重檐庑殿式，大殿下面也有三层白石台基，当然从总体上讲，作为陵墓的大殿不允许超过皇宫的大殿，所以在殿的大小，台基的高矮方面都比太和殿要小。祾恩殿与太和殿几乎建造于同一时期，二者相比，各具千秋，一个为皇帝生前服务，一个为皇帝死后享用，可见皇帝对陵墓建筑重视的程度了。

第三进院子主要有宝城与明楼。方城明楼是一座重檐屋顶的城楼坐落在高高的城墙上，上下全部用砖石建造，楼中央立石碑，碑上刻记陵墓主人的名字“大明太宗文皇帝之陵”。明楼后面接连着宝顶，实际上是一个大坟头，直径有 300 多米，宝顶下深埋着地宫。总体上看，一座大殿一座碑楼连着宝顶，外加若干座门与配殿组合成三进院子，这就是明代皇陵的基本格式，长陵及其他 12 座陵都是这样。

长陵的地宫至今还没有发掘，但比长陵小的定陵地宫已在 1956 年发掘了。

定陵是明代第 13 位皇帝神宗朱翊钧和他两个皇后的陵墓。朱翊钧于万历十一年（1583）开始建陵，至公元 1590 年完成，前后花了 7 年时间，耗费白银 800 余万两，相当于万历年初全国两年的田赋收入；动用军、工匠每天竟达 3 万人，在明陵中是规模较大的一座。在建造中间，神宗曾六次亲去现场察看，可见他关心的程度。可惜的是定陵地上建筑几乎被破坏干净，只剩下后院的方城明楼、宝顶和牌坊门了。发掘工作就是从宝顶下面开始的，经过几年努力，终于揭开了这座地下宫殿的秘密。

明长陵祾恩殿

定陵的地宫埋在宝顶之下27米深处，平面分前、中、后殿及左右配殿共五个墓室，共1195平方米。各墓室之间都有通道及石门相连，地宫全部用石筑造，顶部用石发券，地面铺的是高质量的金砖。中央三个主要墓室之间的石门都设有两面门扇，每扇门高约3.3米，宽1.7米，重约4吨。这么重的门怎样关启呢？聪明的工匠想出了一个办法，就是将门板做成一边厚一边薄，近门轴的一边厚达0.32米，而另一边只有0.16米，这样门的重心就移向门轴的一边。另外，还把门轴的上下两端做成球形，易于转动，这样一来门虽重，但开关起来却不那么费力。地宫的后殿是墓室中最大的一部分，长36.1米，宽9.1米，高9.5米，靠后墙放着棺床，上面中央放着神宗的棺椁，左右两边是二位皇后的棺椁，四周放有装满各种殉葬品的红漆木箱。在这些遗物中，最珍贵的就是皇帝和皇后戴的金冠和凤冠。金冠全部用金丝编织，冠上有龙有凤，龙为金制，口衔宝珠，凤身上也布满用宝石翠玉制成的花朵，每顶凤冠镶有珍珠 5000 多颗，宝石百余块。此外还有金壶、金盒、金玉钗簪及大量玉圭、玉带、玉碗等玉器；还有专门在景德镇“御窑厂”烧制的大龙缸、瓷炉及各种瓷瓶、瓷碗；大量的丝织品，其中有皇帝穿的绣有 12 个团龙的龙袍；皇后穿的百子衣，上面绣着松、竹、梅、石、桃、李、芭蕉、灵芝八宝和形态生动的百子图。定陵地宫出土的文物共有 3000 多件，充分反映了我国古代工匠的高超技艺。

（二）清东陵与清西陵

清太祖努尔哈赤和清太宗皇太极是清朝开国的两位皇帝，他们在世时虽然还没有实现全国统一，但是已经认识到，满族如果不吸取汉族的先进文化和统治经验是无法统一天下和维护统治的。所以他们很注意召用明朝的降臣并委以重任，细心学习明朝的各种制度和法律。顺治皇帝入关后，更全面继承明制，使用了紫禁城的全部建筑。在陵墓建筑上，顺治帝也学习明皇陵的经验，亲自在北京东郊的燕山之下选定了陵址，开始建造了清孝陵。之后，顺治皇后的孝东陵、康熙的景陵相继建成，形成了一个陵区，称为清东陵。清东陵完全模仿明十三陵，各陵既独立又有统一的规划。清孝陵在诸陵中规模最大。它的前面有一座大石牌坊，进大红门后，有碑亭及长达 500 米的神道、棂星门。这条神道突出在孝陵之前，有点像是诸座皇陵共同的前导。

有了河北遵化的清东陵，为何在河北易县又兴建了一个清西陵呢？这事的起因还在于雍正皇帝。他原在东陵已经为自己选定了陵址，但工程还未开始，他又变了卦，硬说根据精通风水之人的再三考证，以为东陵这块选地虽大而形局不全，土中又带砂质，实不可用，又在易县境内的永宁山太平峪寻得一块吉地，据说这才是乾坤聚秀、阴阳会合的宝地。当然，易县与东陵祖坟相去数百里，这样是否与古制相悖，他要诸大臣评议。皇帝一声令下，诸臣哪敢说个不字。他们引经据典，说明历代皇帝建陵也有相距四五百里的，而且遵化与易县都离京城不远，可称为并列神州，等等。于是在易县太平峪修建了雍正帝的泰陵，打破了“子随父葬，祖辈衍继”的制度，开辟了清代的另一陵区，称为清西陵。乾隆皇帝本应追随父亲在西陵建墓，而且也选定了墓址，但他考虑到，子孙后代都如此效法葬在西陵，则东陵势必冷落而荒芜，所以决定还是将自己的陵墓建在东陵。并为此立下规矩，说明他的儿子应在西陵建陵，他的孙子应在东陵建墓，这样陵虽分东西，但一脉相承，形成父在东陵，子在西陵的分葬格局。这规矩传到乾隆的孙子道光皇帝时就遭到了破坏，本来他应葬在东陵，花了七年工夫已经建成陵墓，但他硬以地宫浸水为由，将陵拆迁至西陵。到了同治皇帝，按次序应葬西陵，但当时垂帘听政的慈禧硬下令要把她儿子的墓改建在东陵，随他的父亲相葬。所以，所谓祖宗的规矩，有权的皇帝也是可以轻易破坏的。

清西陵建筑群

清代陵墓与前代不同之处是开始为皇后另建陵墓。朝廷明文规定：皇后死于皇帝之前则随皇帝同葬于帝陵，所以不少帝陵建好后是皇后先葬进去的。如果皇后死于皇帝后则在帝陵附近另建皇后陵，其规模要小于皇陵。慈禧太后两朝听政，大权在握，她自然不甘心于后陵的规模，所以下令将已建成的她的陵墓的三座殿拆除重建。重建后的稜恩殿及左右配殿的梁柱和门窗全部都用名贵的黄花梨木和楠木制成，在木梁柱上不用一般的油漆和彩画而全部用金粉在原木上直接绘制龙、凤、云、寿字等图案。在三座殿的里外彩画中，金色的龙就有2400多条，至今仍金光闪烁，保存完好。在三座殿的三面墙上镶有30块不同大小的雕花砖壁，全部用砖砌出“五福捧寿”和“卍字不到头”的图案。“五福捧寿”是五只蝙蝠围绕着一个几何形的寿字，卍即万字，这种花纹连续组成没有结束的边头，取其富贵不到头的意思，这些装饰都是象征着福、寿与吉祥。在这些砖雕的表面全部用赤、黄二色的金叶贴饰，它们与梁架上的金色彩画上下交相辉映，满堂金色，光彩夺目。殿内这样豪华的装饰还不够，在稜恩殿的台基栏杆上还雕满了龙凤的纹样，在周围 69 块栏板的两面共有 138 副“凤引龙追”的图案，凤飞翔在天上，龙追随其后；栏杆上的柱头，一般宫殿建筑往往雕刻着龙或凤纹，一龙一凤相间排列，但在这里的 74 根柱头上，全部都是凤凰穿云的雕刻，而在柱身上则雕有一条升龙出水的图案。这种凤在上龙在下的雕饰在别处还未见到过，这真实地反映了这位皇太后凌驾于皇帝之上的权力地位。东陵规模虽不大，但它前后修建的经过和这样豪华的装饰，说明了慈禧太后的穷奢极欲。

三、陵墓地面上的雕刻

中国古代建筑，尤其是早期的实物，如今留存下来的很少。有些史书上记载描绘得很具体的重要宫殿，例如秦始皇修建的阿房宫、唐代大明宫的含元殿、北魏洛阳的天宁寺塔都已荡然无存，今人已见不到它们的宏伟形象了。其原因除了专制皇朝历代更迭，遭到人为的破坏以外，主要是这些建筑为木结构很容易毁坏。相比之下，倒是古代的陵墓建筑比较容易保存下来，因为它们多为砖石结构，而且一部分埋在地下，尤其陵墓建筑中的砖石雕刻，留存下来的更多。这为我们认识古代建筑中的雕刻艺术，提供了很有利的条件。

前面已经介绍过，自东汉开始，石雕在陵墓建筑中已被广泛地应用。石阙放在陵墓的最前面是重要的入口标志；其后是系列的石雕，有狮、辟邪、虎、牛、马、骆驼、羊等成对地布置在墓道两旁，组成陵墓建筑不可缺少的神道部分。到唐代，神道两边又增加了石人，有文臣、武臣，还有外族的藩王像。陕西乾县唐乾陵神道的石人石兽共有 110 余尊。以后的宋、明、清各代的皇陵都有这样排列成行的石雕。现在我们选择石雕中常见的几种加以介绍。

（一）石柱

又称石表、望柱、神道柱，多置于神道的前面。最典型的是北京西郊出土的汉代秦君墓石柱和南京市郊南朝时期萧景墓墓表。它们的形式是由柱础、槽柱、方版、束柱、盖盘和蹲兽几部分组成。方版上刻有墓主人的职位和姓氏，所以石柱是陵墓的一种标志。在柱础和盖盘部分都雕有兽形和莲花的图像，柱身下段是槽柱，这种形式在我国古代很少见到，而在古希腊、罗马建筑中是常见的一种柱身形式，这反映了此时融合吸收了西方文化艺术的特征。在唐、宋、明、清各代皇陵前的石柱，形式有了变化：槽柱和方版不见了，而改为六面或者八面的柱身；顶上的蹲兽不见了，而代之以圆柱形的柱头；下部的柱础也多用了须弥座形式的基座；柱身满布云纹，柱头雕有龙纹；整体造型比前代的简单。

清西陵石柱

（二）石狮

这种出现在重要建筑门前的兽中之王，自然在陵墓中是不可缺少的重要石兽，几乎在所有陵墓神道上都能见到它的身影。石狮作为大门入口的守护神兽，有时并不在神道左右，而是蹲在陵寝建筑大门的两边。

在江苏南京郊区南朝陵墓前的几座石兽是如今留存下来的古代石雕中的精品。萧景墓前的石兽名辟邪，实际上也是一种狮子的造型。它体形硕大，两侧雕有飞翼，取名辟邪，有辟除邪恶之意。在雕法上，它不追求狮子的细部刻画而用简洁的手法突出整体的动态。狮子四肢着地做站立状，胸部向前挺出，头部往后向上微昂，张嘴吐舌，身体比真实的大，四肢比真实的短而粗壮。它用夸张的手法力求表现出狮子的雄伟和力量，这就是中国古代造型艺术所讲求的“重神似而不重形似”的特征。西安附近唐顺陵、乾陵的石狮，在造型上继承了南朝风格，不着重狮子细部的刻画而力求表现出狮子整体的神态。蹲立在座上的狮子，前肢直立，脚爪扣地，仿佛入土三分，具有一种充分的力量感。河南巩义市宋陵前的石狮，在形态上更接近真实的狮子了，细部刻画比以前具体，头上身上的卷毛，脖子上戴的项链、铃铛都有清楚的表现，但在总体神态上却不如唐和南朝的作品。明、清两代陵墓留下了大量石狮，体量上有大有小，雕法上有粗有细，在狮子神态的表现上多种多样，但在总体气势上都不如早期石狮子那样生动而有力。

江苏南京梁萧景墓前石兽辟邪

陕西咸阳唐顺陵石狮

四、陵墓地下部分的雕刻

陵墓地下的雕刻品因为保存得完好，所以比地上的雕刻数量更多，形式更丰富多彩，为我们提供了一大批艺术珍品。

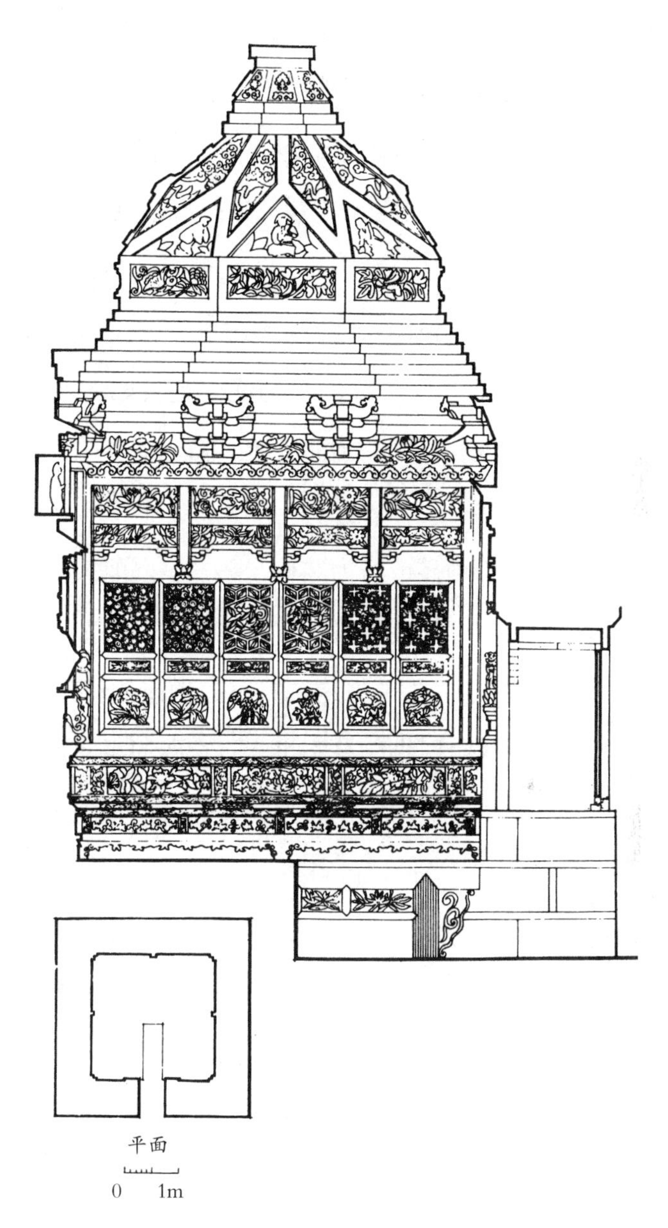

山西侯马金代董氏墓剖面图

（选自《中国古代建筑史》）

早期的墓葬中能见到的雕塑品最大量、最精美的要算秦始皇陵的兵马俑了。这是一种用土塑造然后烧制成的陶器，从已经挖掘出土的数以千计的兵马俑中，可以分为弩、步、车、马四个兵种。它们排列成整齐的队列，大小与真人相近，粗看形象相似，但细观却神态各异。更有意思的是每一件人俑都分解为头、手、躯干、足等七种部件，分别塑造烧制，然后组装成整体。这种大规模生产的方式反映了秦代雕塑的高度技艺水平。这数以千计的兵马俑只是秦始皇陵区的一小部分，而且还只是陵墓地宫外围的殉葬区域，真正地宫中的精品想必会更加令人惊叹。

汉代的地下墓室都用砖或石为结构，形式多采取板梁式，即墓室的墙和顶全用大块的石材和砖构筑。砖长约 1.5 米，宽 0.6—0.8 米，厚 0.2—0.3 米。后来为了便于制造，墓室的顶改用拱形券或者小块砖层层叠出的结构。这个时期的墓室里，石和砖的表面多用雕刻做装饰，称为画像石和画像砖。雕法是用刀在砖石表面刻画出印，没有高低起伏者称为线雕，雕出高低层次者称为浅浮雕。雕刻的形象有人物、植物、兽类和建筑，表现的内容多为墓主人生前的生活，如宴客、打猎、放牧、出行、收租等；也有表现当时流行的神话故事情节，世俗生活如播种、收获、煮盐等劳动的场景。这些雕刻有的构图紧凑，雕刻细致精美；有的虽比较粗犷，但却十分生动雅拙，为今人留下一批古代民俗生活和艺术的珍贵资料。

宋代皇陵至今没有发掘。在已经发掘的一批宋、辽、金墓穴中，我们见到了另一种风格的雕刻作品。散布在河南、山西一带的中小型墓室多为砖筑，墓室不大，有的只有二米见方。它们的特点是把墓室四壁装饰成墓主人生前的环境，例如山西侯马市的董海墓和董明墓都建于金代，在墓的四壁表现出墓主人的住宅形象，每面都是三开间的房屋，有门有窗；墓主人夫妻端坐正面桌子两旁，桌上放着食物、花卉；有的还有戏台，台上男女戏子正演着戏曲。所有这些形象全部都用砖雕刻而成，连建筑上的立柱、横梁、屋檐下的斗拱，门窗上的花格装饰都一一表现出来，甚至小戏台上的人物表情都有细致的刻画。置身墓中，仿佛又回到真实的生活环境之中。这种世俗化的表现手法是这一时期墓室建筑的特征。

明清两代皇帝陵墓地宫的发掘又使我们看到了另一种陵墓建筑的雕刻。明定陵地宫第一次向我们揭示了地下宫室的宏伟面貌，但定陵地宫的装饰雕刻不多，而真正显示地宫雕刻艺术的还是清东陵的裕陵地宫。裕陵是清代乾隆皇帝陵墓。乾隆当皇帝 60 年，活到 89 岁，自称为“十全老人”，裕陵地宫的规模和雕饰的确反映了这位盛世皇帝的志得意满。地宫为石筑，进深 54 米，面积有 372 平方米。整座地宫的四周墙壁和宫顶都雕满了佛教内容的装饰；四道墓门，八块门扇都是由高 3 米、宽 1.5 米、厚 19 厘米、重达 3 吨的青石制成；每扇门上各雕有一座菩萨立像。他们头上戴有莲花瓣的佛冠，耳戴佩环，上身袒胸露臂，肩上披着飘舞的长巾，双手还掐着西番莲，下身穿着长裙，腰上系着长长的垂珠菊花，赤着双脚，立在出水的芙蓉花上，面目脉脉含情，体态轻盈端庄，在高起的雕像周围装饰着浅浮雕的卷草纹。在主要的地宫墓室里，顶部刻有三大朵佛花，花心由佛像和梵文组成，外圈有 24 个花瓣。在墓室的东西壁上雕刻有佛像和象征着吉利的八宝图案。在四周墙上刻满了印度梵文的经文和用藏文注音的番文经书，梵文共647字，番文294 645字。所有这些菩萨像、经文、装饰图案都妥帖地安置在地宫的墙上顶上，布局紧凑，雕刻细腻，整座裕陵地宫成了一座地下的佛堂。

清代裕陵地宫石门上石雕

第三章 宗教建筑

宗教建筑是古代建筑中很重要的一个部分。

中国古代的宗教，主要有佛教、道教和伊斯兰教等，其中佛教传播最广，信仰的人最多。佛教诞生在古代的印度，创始人是释迦牟尼。他原是古印度迦毗罗王国的一位王子，传说这位王子在接触社会中，看到人类经历着生、老、病、死的痛苦，于是决心离别自己的妻儿走出王国，只身去探索解脱人生痛苦的道路，当时他才29岁。六年之后，终于在一天晚上大彻大悟而成佛。之后，他周游各地，广收弟子，宣讲他悟到的真理，组织教团，创立了佛教。据推算，这个时期约在公元前6世纪到前5世纪。佛教的教义认为：现实的世界是一个“苦海无边”的世界，这里包括生、老、病、死之苦，与亲人离别之苦，生活得不到保障，欲望得不到满足，等等。而这些苦难的造成是因为人类有了各种欲望，这些欲望都是由人的视觉、听觉、嗅觉、味觉和触觉引起的。所以要解脱人世之苦，就必须断绝这些欲望，苦苦修行，直到生命的终结才能达到理想的无苦境界。这在佛教中称为“涅槃”。

佛教传入中国大约是在汉代，并很快得到封建统治者的支持和颂扬。他们组织专人传译经书，讲习教义，在全国各地开掘石窟，修建寺庙。据历史记载，南北朝时期，南方梁朝有佛寺2846所，出家僧尼有52 700多人，仅建康（今南京）就有较大的佛寺70所；北方的北魏有寺院3万多所，僧尼200多万人。唐朝是佛教在中国发展的盛期，朝廷在都城长安专门设立译经院，聘请国内外著名僧人翻译经文，派出僧人去外国游学，使佛教经中国传到朝鲜、日本和越南等国，全国寺院和僧尼数量大大增加，并规定寺院僧尼享有免税、免兵役的特权。这样一来，僧尼势力在政治和经济上都给皇权带来了威胁，所以到唐武宗（841—846）时下令灭佛，拆除官方寺院4600多所，私寺46 600余所，勒令26万多僧尼还俗，没收寺院所占民田数千万亩。但这种大规模的禁佛事件只占历史上很短的时间，过了不久，佛教依然得到了重视与发展。佛教逐步与中国的传统文化相结合，产生了具有中国民族特点的中国佛教。

道教是产生于中国本土的传统宗教，创立于东汉中叶顺帝时期（126—144）。道教奉老子为教主，以《道德经》为主要经典，它的信仰核心是“道”，相信人只有经过修炼才能得道，可以长生不死，成为神仙。它综合了古代的鬼神思想，神仙巫术，提出了一系列的修道之功和炼道之术。道教流行于民间，往往形成一些秘密的宗教组织，在有些农民和平民的斗争中成了发动和组织群众的旗帜与纽带。道教也为封建皇帝所提倡，唐代统治者自称为老子的后代，特别崇尚道教，追赠老子为“太上玄元皇帝”，在各地建造宏大的道教建筑，称为道观。明代道教更受到朝廷的扶植，江西龙虎山上清宫、湖北武当山和四川青城山的道教建筑群都是明清时期扩建和新建的。

伊斯兰教是与佛教、基督教并列的世界三大宗教之一，7 世纪初诞生于阿拉伯半岛，为阿拉伯人穆罕默德所创立。伊斯兰教信奉真主安拉，穆罕默德宣称宇宙万物皆为安拉所创造和主宰。安拉没有形象，他无所在又无所不在，不生育又不被所生，无始无终，永生自存。天下除安拉外别无其他神，所以安拉是独一无二的，穆罕默德只是受命于安拉来传布伊斯兰教，他的使命是给人类带来“安拉之道”。安拉大慈大仁，主张施济贫民、孤儿，奴隶可以赎身；主张买卖公平，制止血亲的相互仇杀；主张和平与世界安宁。伊斯兰教传入中国是在唐永徽二年（651），在我国又称为回教、清真教。宋代随着海外贸易的扩大，沿海地区的广州、杭州、泉州、扬州等地都有不少信奉伊斯兰教的阿拉伯、波斯等地商人来往，有人还在当地定居，所以这些城市出现了一批伊斯兰教的寺院。

无论是佛教、道教还是伊斯兰教，既然要传播它们的教义，扩大自己的影响，那么各自就都有一套宗教的仪式，用来进行各种宗教活动。宗教活动为了取得良好的效果，往往都伴以一定的音乐和舞蹈，主持者们还穿着专门的服装，而所有这些活动，都需要在一定的建筑环境里举行。随着上述三大宗教的发展，逐渐产生了相应的宗教音乐、宗教美术和宗教建筑，它们和形形色色的宗教思想、宗教文学一同组成了宗教文化，成为中国古代文化中很重要的一个部分。现在我们要介绍的宗教建筑，不仅是因为它们在宗教文化中占有突出的地位，而且还因为这些建筑规模比较大，建造比较讲究，在各个历史时期都有不少成为建筑中的范例。在至今留存下来的古建筑中，宗教建筑占着相当大的比例，所以在认识和研究古建筑时，它们就成了很重要的一个部分了。

一、佛教建筑艺术

（一）佛教寺庙的布置形式

任何建筑，它的形式都是根据使用的要求而确定的。佛教对建筑的要求，第一能供放佛像让信徒们膜拜；第二能为僧侣们聚居修行。相传汉代佛教传入中国时，印度高僧来到洛阳，先是住在鸿胪寺（这里的“寺”是中国古代官署的名称，是接待外国来客的处所），后来才为这些高僧专门建造了一座房子安置佛像和居住，并以驮运佛卷来中国的白马命名，而且沿用官署的名称，定名为白马寺，这可算是我国最早的佛教建筑。之后“寺”逐渐就成为佛教建筑的专称了。

在佛教传入初期，专门的佛教寺院还没有建造，有不少官吏、富人将自己的住宅献出当成寺院，被称为“捨舍为寺”，把住宅的前厅作为供奉佛像的佛殿，住宅的后堂作为讲学佛经的经堂。中国古代住宅、官署在建筑的布置上都是由多座单幢建筑有规则地组合成院落，所以这种传统的院落形式也成了中国佛寺的基本形式了。

随着佛教的发展，佛寺的规模也日益扩大，在寺院的中轴上依次排列着大门、供奉天王和佛的天王殿和大雄宝殿、诵经修行用的法堂和经楼，根据寺庙供奉菩萨的多少，还可以加建观音殿、毗卢殿等；在这些主要殿堂的两旁和四周则布置居住、存物、待客和厨房、浴室等建筑；有的寺庙在天王殿前还建有悬挂钟、鼓的钟楼和鼓楼，分列在院落的左右。如今留存下来较为完整的寺庙如河北正定隆兴寺、浙江宁波阿育王寺都是这种格局。

浙江宁波保国寺全景

并不是所有佛寺都采取这种中轴对称、十分规整的形式。在我国西藏地区，信奉的是藏传佛教，宗教内容多而复杂。反映在佛寺上除佛殿、经堂外，还要有保存活佛遗体的灵殿、众多佛徒诵经的转经廊，以及活佛的办公用房、喇嘛的住宅，等等。这种佛寺多建在山上，所以不采取严格的中轴对称，而是随山势起伏灵活自由地布置。如西藏日喀则的扎什伦布寺和河北承德仿藏式的普陀宗乘庙都属这种类型。

山西浑源县的悬空寺更是一种奇特的形式，所有殿堂都用插入山石中的悬梁支撑，悬空建造在陡山壁上，上下交错重叠，表现出古代工匠的高超技艺和大胆的想象能力。

山西浑源县悬空寺

（二）佛殿的形式

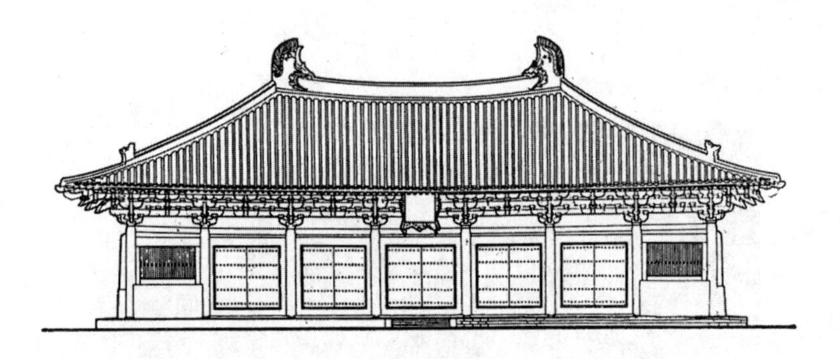

山西五台山佛光寺大殿立面图
（选自《中国古代建筑史》）

前面已经说过，中国佛教寺庙在布局上与宫殿、官署、住宅相似，所以佛殿也多采用宫殿、官署的主要殿堂形式，即单层长方形的宫室，面阔小者三间、五间，大者七间、九间。佛殿内多为几座佛像并列供奉，或者主要佛像与菩萨弟子同在一殿，所以这种长方形的殿堂也还比较实用。如今留存下来的著名佛殿有山西五台山的佛光寺大殿，它是至今保存下来最早的两座木建筑之一（另一座也是更早的木结构建筑，是山西省五台县城西南22公里处李家庄的南禅寺大殿）。这座佛殿建于公元857年，面阔七开间34米，进深17.66米，殿内沿着后墙设有长达五开间的佛坛，坛上供奉着佛及菩萨像30余尊。山西大同的辽代上华严寺大雄宝殿和善化寺大雄宝殿也都是这类长方形的殿堂，殿内有佛坛，坛上横向排列着众佛像，在佛坛前有较大的空间供僧侣及佛徒们行膜拜之礼。

我国云南景洪西双版纳地区的傣族佛寺大殿，其平面也是长方形，但与汉族地区佛殿不同的是大殿内佛像多为单尊，而且放置在殿的西头，面向东，传说是因为释迦牟尼在菩提树下成道时是面向东方端坐着的。单尊佛像体态比较高大，所以傣族佛殿屋顶多高耸。为了打破这种高大屋顶的呆板形象，工匠们在建造上想了许多巧妙的处理办法，例如将屋顶做成歇山形式（屋顶上面是两面坡顶而到下面是四面坡顶）；在大面积的屋顶面上分作高低三段或者五段；在各条屋脊上成排地布置了火焰状和各种兽状的装饰；经过这样处理，使呆板的大屋顶变得丰富多彩，成为佛殿最突出的造型部分了。

云南西双版纳南传佛寺大殿

随着我国古代泥塑、制漆和冶铸工艺的发展，采用泥、漆和金属制作佛像的情况越来越多，而且佛像的形体也越来越大，造型越来越丰富和复杂。一般的佛殿不能容纳这类佛像了，于是一种体形高大的佛殿建筑出现在佛寺里，这就是楼阁式佛殿。河北蓟县独乐寺观音阁，是建于公元 984 年的一座著名佛寺，观音阁面阔 20.23 米，分作五间，高 22.50 米，外观为二层楼阁形式，内部实为三层，中央是一个贯穿三层的空井，井内供奉着一尊高达 16 米的观音塑像。人们进殿，需要仰望佛像，在昏暗的殿中，只有观音的头部明亮，更增添了宗教的神秘气氛。河北承德普宁寺有一座更大的佛殿大乘之阁，外观是三层楼阁，阁内供着一尊高 24.12 米的观音像，此像是木制的千手千眼观音。阁内，在观音像的周围有三层楼台，人可以在三层不同的高度观赏观音雕像。阁的屋顶做成五个方形的攒尖顶形式，丰富了建筑的造型。

河北承德普宁寺大乘之阁

在我国西藏、青海地区，还可以见到一种称为“都纲”式的佛殿，这是一种藏传佛教特有的佛殿形式。这里的佛殿不仅供奉佛像，而且还要用作诵经和进行多种法事活动，因为参加的僧人有时可达数千，殿内空间需要很大，而一般佛寺中常用的长方形佛殿就不能满足这种要求了，所以就出现了一种平面呈不规则形状的、面积很大的佛殿。这种佛殿的屋顶多采用藏族建筑常用的平屋顶。因为面积大，又要从屋顶采光，所以产生了由平顶、坡顶组合的，高低错落的复合式屋顶，加上石头墙、小门窗，鲜艳的色彩等西藏建筑的特有形式，使这种“都纲”式佛殿不同于一般佛殿而具有强烈的地方和民族的特色。

西藏拉萨布达拉宫

（三）塔

塔是佛教的一种专门建筑，它的形成有一个过程。相传释迦牟尼得道成佛后的第 45 年，也就是他 80 岁高龄时，在传道的路上得了重病，最后病死在树林中的吊床上。佛逝世后，遗体被众弟子火化，所得佛骨被弟子们分别拿到各地去安奉。他们把佛骨埋在地下，上面堆起一座像中国坟头似的土堆，在印度梵文中称为“窣堵坡”（stūpa），或称“浮图”，翻译成中文称“塔婆”，后来就简称为“塔”了。所以塔可以说原是埋葬佛骨的纪念物，作为佛的象征，供信徒们顶礼膜拜。它最初的形式是一座覆盆状的圆形坟，在它的上面有伞和竿等作为装饰。

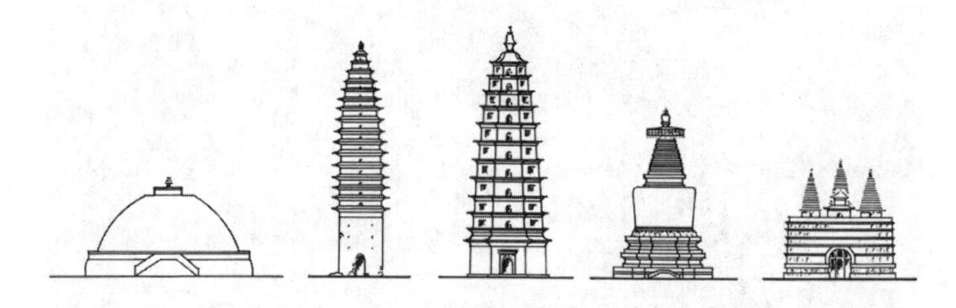

窣堵坡及中国式塔

印度的塔随着佛教传入中国后逐渐与中国原有的建筑相结合形成了有中国特色的佛塔，而且形式多样，成为最能代表佛教的一种象征性建筑。塔由于埋藏佛骨，是佛寺中最重要的建筑，所以在形象上应该突出而且华丽。在佛教传入之前，中国已经有了多层的楼阁式建筑，虽然没有实物留存下来，但在汉代和以前的画像石上可以见到这种楼阁的形象。这种中国式的楼阁和印度式的塔结合在一起就产生了中国式的塔，它们的形象是楼阁在下，塔在楼阁之上。用楼阁是取其高大和华丽，用塔是作为佛教的标记，将原来的窣堵坡简化为圆拱和相轮成了塔的顶部，称为塔刹。这种楼阁式的塔是中国塔的典型式样，位于佛寺的中心，不但埋有佛骨，而且还藏置佛经和其他遗物，后来干脆在塔内供奉佛像，更便于佛徒们膜拜。北魏洛阳永宁寺有一座木塔，高有九层，正方形，每面有九开间，设三门六窗，塔顶有金宝瓶，下置金盘十一重，宝塔的每层屋檐的四角都挂着金铎，风吹金铎响，远近都能听见，可惜这么宏伟的木塔早已毁坏无存了。现在留存下来最古老的木塔是山西应县的佛宫寺释迦塔，高达 67.31 米，外观五层，里面每一层都供有佛像，周围设有回廊，佛徒们可以沿着回廊上到各层向佛像礼拜。

山西应县佛宫寺释迦塔剖面图
（选自《中国古代建筑史》）

山西应县佛宫寺释迦塔

中国木建筑最怕火灾，尤其这类木结构的高塔更容易遭到雷击而毁于火，所以到唐代以后，木塔逐渐被砖塔所代替。但是这时的砖塔在外表上还是保持着木塔的形式。例如建于唐代，经明代改建的西安大雁塔，高 64 米，分作七层，全部为砖筑造，但外观又仿照木结构的形式，用砖做出柱子、枋等木构件的式样。这类砖塔有的在外面贴以琉璃，就称为琉璃宝塔。在我国南方还出现一种砖、木混合结构的楼阁式佛塔。它的特点是砖筑塔心，四周包以木结构的塔身，所以外观和木塔一样，各层都挑出环廊，四周设栏杆，人可以登塔至各层，凭栏眺望四面风景。

在这种楼阁式砖塔基础上，又逐渐演变出一种新的塔型，特点是底层特别高，二层以上为一层层的屋檐相叠，每两层屋檐之间的楼层变得很小，然后顶上安置塔刹，我们称它为“密檐塔”。它的平面有四方、六角、八角等形，多为砖筑造，塔内有的可以登临，有的是一空筒，估计原来塔内有木板也可以登临，但大多数为实心砖塔。早期的密檐塔如云南大理的崇圣寺千寻塔，建于唐代，平面为正方形，每层出檐用砖层层叠出，没有其他的雕刻装饰，外观十分简洁。宋、辽代以后，出现大批密檐塔，外表逐渐变华丽了，在塔的基座和底层上布满了用砖雕成的佛像和各种动植物纹样，上面每一层出檐的檐下也用砖做出梁、枋等木结构的式样。在我国北方地区，留存有相当数量的辽、金时期的密檐塔，多为八角形，体形高大，雕饰精美，外形刚劲而挺拔。

在藏传佛教流行的地区，出现了一种喇嘛式的塔，它的形象有点恢复到原来窣堵坡的形式，就是在塔的基座上有一个像宝瓶式的塔身，塔身上安置重叠的相轮和宝盖等组成为塔刹。外表多为白色，整体造型浑厚壮实，远看十分醒目。这种喇嘛塔除在西藏、内蒙古地区外，在山西五台山、北京的喇嘛教寺庙里也能见到。北京妙应寺的元代白塔是这类塔中体形最大的一座，当时还是尼泊尔匠师阿尼哥主持设计和建造的。

金刚宝座塔是一种由多座小塔共建在一个台座上的塔形。北京真觉寺金刚宝座塔是这类塔的标准式样。它建于明成化九年（1473），在高高的台座上建有五座小的密檐式石塔，中央的略大，四角的略小，台座的四周布满了佛像。按佛经的说法是须弥圣山上有五座山峰，这是诸佛聚居的地方，台座表示须弥山，上面的五座塔表示五座山峰，所以金刚宝座塔就是佛居住的须弥圣山的象征。在其他的金刚宝座塔上，有的以喇嘛塔、经幢代替了台座上的密檐塔，有的在台座下开了门洞，成为能够穿行的城台，可见它的形式不那么标准化了。

云南傣族地区还有另外一种形式的塔，它们与缅甸的佛塔很相似，所以当地称为“缅式塔”。这种塔造型的特点是将多座塔成群地建在一个台座上，每一座塔都由多层须弥座和覆盆相叠而成，下大上小，最上面是喇叭状的锥形塔刹。著名的云南景洪曼飞龙塔建于宋代（1204），在八角形的须弥座上有八座小塔拥立着中央的主塔，洁白的塔身，金色的塔刹，配以基座上五彩缤纷的佛龛（kān），造型挺拔秀丽，色彩上典雅又不失华丽，真称得上是一件民族的瑰宝。

佛塔原来属于专门的佛教建筑，但是在长期的历史发展中，在与广大百姓的不断接触后，它的功能逐渐扩大了。佛寺中自从有了佛像，供奉佛像的大殿就代替了埋藏佛骨的塔而占据了佛寺的中心地位，塔被移至佛殿之后或殿的两旁，甚至被安置到佛寺一旁的塔院里去了。作为佛教的标志，塔自然还是要占据好的位置，所以凡山岭高耸地，山腰显著处，江河之滨都成了建塔的胜地。这样，佛塔往往成了城郊的风景点，点缀着江河大地；同时塔自身又是观赏风景的好去处，人们登临宝塔，极目四望，远近佳景，尽收眼底，心情为之振奋。江苏镇江有一座七层高的江天寺宝塔，巍然屹立于金山之巅，成为镇江市的一个标志。宋代政治家王安石游金山登塔楼，不禁作诗叹道：“数重楼枕层层石，四壁窗开面面风，忽见鸟飞平地上，始惊身在半空

云南景洪曼飞龙塔

中。”唐代的书生考中进士，都要登上长安城的大雁塔，在壁上记下自己的名字以表达得志之怀，后来“雁塔题名”就成了文人的风流雅事了。浙江杭州钱塘江边的六和塔，成了江船航行的标志。河北定县开元寺塔，高 15 层共 84.2 米，宋、辽两国打仗，宋人登此塔能看到辽军的行动，所以称为“料敌塔”，使佛塔兼备有军事作用。有些地区，在村庄建设和兴修重要建筑时，有意在一定的方位上建塔以起到镇妖驱魔、免除灾难的象征性作用，佛塔又变成风水塔了。

在中华大地上，散布着各式宝塔，据不完全统计达3000座之多。它装点着祖国江山，成为民族文化宝库中一份珍贵的遗产。

（四）石窟

石窟是依山开凿的石洞，看起来似乎不像是建筑，但在印度，它却是真正的佛寺。它的形式有两种，一种是开一个方形的洞，一面是门，三面开凿小龛，供僧人在里面坐着修行，称为精舍式僧房；另一种是在山洞后壁有一座佛塔，塔前供佛徒集会拜佛。石窟约在3世纪时传入中国，很快在各地传布开，现在留存下来的有数以百计的大小石窟。从分布的地区看，以新疆、甘肃、陕西、山西、河南、河北居多，江苏、四川、云南也有不少。从发展的时期看，上至东汉，下至明清，都有开凿，但以南北朝和隋唐为高峰，五代逐渐衰落。著名的有甘肃的敦煌石窟、炳灵寺石窟、麦积山石窟，山西大同的云冈石窟和河南洛阳的龙门石窟等。

石窟也和佛塔一样，自印度传入中国后，它的形制也逐渐中国化了。中国的石窟以在里面供奉佛像为主。在敦煌和大同云冈的较早期石窟中还有中心柱式的窟，即在石窟中心有一石柱，石柱有的雕成塔形，有的在上面雕满佛龛，佛徒们绕着中心柱礼拜。后来的石窟多在正面壁上雕佛像，布置如同佛殿里面一样；有的还在石窟的三面都雕有佛像，周围布满了各种建筑和动植物的装饰雕刻，雕刻外涂以彩绘，组成了一个富丽多彩的环境，象征着理想的佛教天国。这种石窟的佛像越雕越大，由窟内发展到窟外，到唐代，露天大佛更是得到发展。

河南洛阳龙门石窟

洛阳龙门奉先寺大佛高 17 米，佛前有广场，便于人群瞻仰。我国最大的佛像是四川乐山凌云寺的大佛。大佛是依凌云山的天然岩石雕成，与崖同高，从头到脚共 71 米，光是佛的鼻子就长达 5 米多，肩宽 24 米，它的脚背上可容上百人，是世界第一大佛。从公元 713 年开凿，到公元 803 年才完成，前后历时 90 年。原来佛像全身都有彩绘，外面建有七层高的楼阁遮盖着大佛。明代楼阁被火烧毁，如今露天的大佛巍然屹立在岷江之滨，只有在江心远处方能欣赏到它的全貌。在石窟中，数量最多，经历时间最长的还是甘肃敦煌的莫高窟，自公元 4 世纪起直至元代共经历了 10 多个朝代，至今留下来有洞窟 492 个。因为这个地区的石质属沙砾岩，整体比较疏松，不宜雕刻，所以这里的石窟与云冈、龙门的不同，一般都用壁画和泥塑的形式来表现佛的世界，而且在窟前还建有门廊式的建筑以保护石窟。如今保留下来的几处宋代窟檐建筑，是我国早期木建筑的珍贵实物。

石窟虽然只是一种特殊的佛寺，但是它在艺术和技术上都占有十分重要的位置。石窟中保留下来的大量雕刻泥塑和壁画，虽然表现的都是佛教内容，却是我国早期绘画和雕刻中十分重要和珍贵的部分。从建筑上讲，石窟的价值并不在于它本身是建筑的一个类别，而在于它的雕刻和壁画反映了我国早期的建筑活动和形象。从敦煌石窟壁画所描绘的各种佛教故事、佛、菩萨、供养人的画像，以及大量的装饰图案中，在龙门、云冈和其他石窟雕刻中所表现的佛像、人物、动植物和各种花饰所组成的环境里，我们可以看到古代的城垣、宫殿、

四川乐山大佛

寺庙、园林、街市的形象，可以找到殿、堂、楼、馆、亭、廊、店铺、民宅、桥梁等建筑的式样，可以看到外国建筑与我国建筑一步步融合的过程，还可以见到古代建筑施工的场面和结构特征。在古代建筑留存下来的实物十分稀少的情况下，这些资料越发显出它重要的历史价值。

历史上曾经有人这么描绘石窟寺：“青云之半，峭壁之间，镌石成佛，万龛千窟，虽自人力，疑是神功。”为什么石窟要建在青云之半，峭壁之间，因为佛教要信徒们远离尘世，禁止一切凡人的俗念，在僻静处才能清心寡欲，修行得道，所以多选择远离繁华城市的深山老林、烟雨苍茫风景优美的地方建造佛寺。山西五台山、四川峨眉山、安徽九华山、浙江普陀山几处风景绝佳的名山都成了佛寺集中的地方，经过历代的修造发展，成了著名的四大佛山。现在讲的石窟是凿山得洞而成寺，洞在半山，在峭壁上才能显出它们的高、它们的险，才能表现出佛国的神奇，才能引发出善男信女的痴心向往。地址好选，但建造艰难，我国早在汉代就已经有了崖墓的形式，就是在山腰上开石洞，将人的棺木放置洞中。河北满城汉中山王刘胜的墓室是开在山崖上的一个洞，长达 52 米，空间容量有 3000 立方米，先不说这么大的洞是怎么开凿的，就说这么重的棺材是怎么放进这半山腰的石洞中去的，在技术上至今还是个谜。石窟寺有少量选用天然石洞进行雕刻，但大多数还是人工开凿的。龙门石窟的奉先寺为了容纳 17 米高的佛像，先要开出深 41 米、宽 36 米的露天场地，光开山工程就花了三年零九个月的时间，开出石料 3 万余方。甘肃天水市麦积山石窟始建于 4 世纪，现有的近 200 个洞窟几乎全都建在峭壁之上，上下左右，层层叠叠。所有这些洞窟又都用栈道相连接，无论这个洞窟在当时开凿有多艰难，这个建造本身就是一件了不起的工程。这里的洞窟分布在面宽 200 米的崖面上，最高石窟离地 100 米，最高的栈道也有 70 多米，上下按高低分作 20 段，共长 800 多米。所有的栈道都是靠插入石壁的木梁支撑重量，在木梁上铺设木板供人行走，栈道宽约 1—1.5 米，外侧装有栏杆。现在崖壁上留存下来的梁孔就有近 2000 个。我们今天站在这些石窟寺下，仰望这万龛千窟，不仅为它们所表现的佛教艺术倾倒，即便是看到这些飞檐走壁的悬空栈道，也确会感到“虽自人力，疑是神功”。

二、道教建筑艺术

道教建筑有一些与佛教建筑不同的特点。道教的教义讲人经过修炼可以成为长生不老的神仙，而传说中的神仙多居住在名山大海的胜境，东海里的蓬莱、瀛洲、方丈成了东王公居住的三仙岛，所以道教多选择在名山福地建造宫观以体现它崇尚自然，追求超凡脱俗的思想。明代在湖北武当山，清代在四川青城山都集中修建了规模较大的道教建筑群。道教相信仙人好楼居，得以接近天宫，所以楼阁也成了道教建筑的特点之一。道教祀神的场所称为观，观就是一种楼阁。古代人称“观者，于上观望也”，就是说在楼阁上便于观星望气，所以后来道教寺庙都称为观，很大的观才称为宫，较小的观又称为道院。在许多道观中建有望仙楼、聚仙楼、万仙楼，都带有“登楼求仙”的意思。在有的道观中还有一种称为“天宫楼阁”的装饰，这是用木料制造的楼阁模型放在室内墙壁或者天花板上，作为东海仙山琼楼的象征。

道教奉老子为教主，但它又是一种多神教，在道观殿堂中供奉的偶像，上至三清（玉清元始天尊、上清灵宝天尊、太清道德天尊），下至城隍、灶君，对象很广。江苏苏州玄妙观三清殿内供奉的是太上老君、元始天尊和通天教主三尊像；北京著名道观白云观邱祖殿内供奉的是道士邱处机；山东泰山昭庆观供的是泰山神女碧霞元君的铜像，但是这些殿堂的外表和一般殿堂相同，没有什么特别。在建筑群的布置上，道观也采取中轴规整的形式，主要建筑居中，前后组成几重院落。在青城山、武当山的一些道观则依据地形，依山就势作布局。

三、伊斯兰教建筑艺术

伊斯兰教建筑与佛教、道教建筑相比，具有较多的艺术特点。

伊斯兰教信奉的真主安拉无影无踪，他无所不在又无所在，所以在伊斯兰教的殿堂中没有具体的神像，教徒们只向着圣城麦加顶礼膜拜。麦加城位于沙特阿拉伯境内，是伊斯兰教创始人穆罕默德出生、得道和开始传教的地方，所以定为圣城。麦加在我国的西方，因此教徒都向西行膜拜礼，这是伊斯兰教与佛教、道教不同的地方。伊斯兰寺庙称为礼拜寺，它的主要殿堂称礼拜殿，不论礼拜寺朝哪个方向，礼拜殿的入口总设在东面，西面靠墙布置装饰精美的圣龛，这样引导信徒从东面进殿，面向西方礼拜。

伊斯兰教规定教徒除每天分散进行五次礼拜外，每星期五为“聚礼日”，所有教徒还要聚集在礼拜寺中礼拜，所以礼拜殿需要很大的面积。随着教徒的增加，殿也要不断扩大，普通长方形的殿堂不能满足这方面的需要了，简单的一个坡面屋顶很难覆盖这么大的室内空间，于是在北方的礼拜殿上出现了把几个简单的屋顶勾连在一起的做法，称为“勾连搭”式屋顶；在新疆一带，则采用了当地习惯用的平屋顶形式。

伊斯兰教徒进行礼拜时，都有寺中主事者“阿訇”在一高塔形建筑上进行呼唤，称为“叫邦克”，所以这种高楼称为“邦克楼”。在一般清真寺中，邦克楼多与门楼结合，成为一种多层门楼式的建筑。在新疆维吾尔族地区，邦克楼多建成高耸的塔式建筑，位于寺门的一侧，形象十分突出。

新疆喀什艾提卡尔礼拜寺

这里要特别介绍的是新疆的伊斯兰礼拜寺，它们的造型直接受阿拉伯建筑的影响，和中国原有的宗教建筑很不相同。除了有邦克楼外，表现在屋顶上，多在寺的主要大厅上用高起的穹隆顶；在入口、廊子上多采用尖拱券，甚至在外墙上也做出浅浅的尖拱壁龛。在装饰上，总体保持简洁清新的风格，但在局部却又十分华丽，例如在大门、殿内的圣龛，天花藻井这几处地方，往往用石膏做出细腻复杂的花饰，加以彩绘，形成了无比绚丽的装饰面。在邦克楼和柱子上，有时在顶部或者中间绘以重点装饰，有时也对整根柱子加以彩绘装饰，使它们在比较素洁的环境中，鲜明突出。吐鲁番的额敏塔，实际也是礼拜寺的邦克楼，高达 44 米，全部用当地烧制的黄土砖筑造而成。圆形的穹隆顶，尖拱券的门廊，绚丽的重点装饰构成了这个地区伊斯兰教建筑的特色，它们以异域的情调增添了中国古代建筑的风采。

第四章 坛庙建筑

坛庙建筑是一种礼制性建筑。礼，就是规定社会行为的一种法则、规范和仪式的总称。人类还处在原始社会时期，由于生产力水平的低下，生存经常会遇到天灾的侵害和野兽的袭击，当时又不可能科学地认识这些现象，于是将希望寄托在一种神灵的保护上，把某些动植物作为幻想中神灵的标志而加以供奉，这就是原始社会的图腾崇拜。随着社会的发展，人类逐渐用自然界的天、地代替了原始的图腾，待到宗教产生以后，佛、真主、上帝又代替了天、地而成为人们膜拜的对象了。礼制性建筑，广义地说，就是为这些图腾崇拜、祭祀天地提供的场所，为拜佛、敬真主举行仪式的地方。但是现在要介绍的礼制建筑不包括宗教的寺观，又因为它们经常以坛和庙的形式出现，所以就将这一部分礼制建筑称为坛庙建筑。坛庙建筑大体可分为三种类型：一是祭祀自然界天地山川和帝王祖先的坛庙；二是纪念历史上有贡献的名臣名将、文人武士的祠庙；三是大量存在于民间的，为祭祀宗祖的家庙祠堂。

一、祭天地、祖先的坛庙

（一）太庙与社稷坛

远在公元前 11 世纪的周代，各种祭祀已经逐渐形成了一定的礼制。在后人写的《周礼·考工记》中记载当时王城的规划是：王城每边长九里，各有三个城门，城内纵横各有九条道路，路宽有九轨（二车轮之间为一轨），王宫居中，左面是祭祖宗的庙，右面是祭社稷的坛，前面是朝会场所，后面是市场。这说明庙和坛当时在都城中已经占据比较重要且固定的位置了。这种左祖右社的格局在以后唐长安、宋汴梁、元大都中都有体现。明清的北京城，更是明确地将庙、坛分置于紫禁城前的左右。

世袭制的专制社会皇位代代相传，帝王自然特别重视祭祀自己的祖先。现在留存下来的祭祀祖先的太庙只有北京的一处了。北京太庙设置在紫禁城的左前方，它的形式也是一组规则的建筑群，外面用方整的三道墙围住。主要建筑是前、中、后三殿。前殿最大，宽有 11 开间，坐落在三层白石基座上，是祭祀祖先的祭场。每逢大祭，都会把历代帝后神主的木牌移到这里举行祭祀仪式。中殿是平时供奉帝后神主木牌的地方。后殿是供奉皇帝远祖神主之地，例如清朝把在东北没有称帝的前四位君主追封为皇帝，将他们的神位供奉在这里，所以后殿又称为祧（tiāo）庙，以表示祀奉先君之意。这三座大殿都安排在中轴线上，左右两边有配殿，形成前后几重院落。在第二层围墙的外面，种植了成排的柏树，数百年的古柏成荫，构成了庄严肃穆的环境。

我国古代称社为土地之神，稷为五谷之神，所以很早就立社稷加以祭祀，反映了中国长期以农业为立国之本的特点。所谓立社、立稷是因土地广阔，谷类众多，不能漫无目的地广为祭祀，只能把一小块土堆为土丘坛称为太社和太稷，以此作为祭祀对象。早期把社、稷分为二坛或一坛一庙分别祭祀，到了明清则将太社、太稷合二为一，称为社稷一起祭祀了。北京的社稷坛位于紫禁城的右前方，与太庙相对称而成为左祖右社的布局。它的形式是一块边长约 15 米，高近 1 米的方形土坛，坛面上覆盖着青、赤、黄、黑、白五种颜色的土，按照传统的分布方式是东方为青色、南方为赤色、西方为白色、北方为黑色、中央为黄色，以四方之土象征着国家的疆域。在这块四方土坛的外围加筑了一圈矮墙，墙表面也按四个方位分别镶砌了青、赤、白、黑四种颜色的琉璃。祭祀社稷的仪式是由北向南设祭，所以坛在最南面，它的北面是拜殿、享殿和正门。

（二）天、地、日、月坛

人类早期生存的威胁很多来自自然灾害，暴雨使江河泛滥；不雨而赤土千里，颗粒不收；狂风引海啸，人畜两亡；闪电成雷击，房屋毁于火。所以人们很自然地把苍天当成主宰人类命运的神，祭祀天地很早就成为人类很重要的活动了。在出现国家以后，不论是奴隶主或者封建皇帝都善于利用这种原始的信仰，把自己称为受命于天来统治人间和治理国家的人。这样，祭天地的活动与巩固和加强政权统治发生了密切的联系，因此更加受到重视，到后来成了统治者的专有权力了。它的重要性超过了祭祀宗庙，成了国家的大礼。国家遇到像死了皇帝、皇太后这类大丧，规定停止祭宗庙，但不能停止祭天礼，并把平民百姓或其他人的祭天活动划为越轨的非礼行为。

由于祭祀天地成了历代帝王的重要政治活动，因此这些祭祀场所在历代都城中都给予了相应的位置。按周礼规定，祭天场所在都城的南郊，因为古代以南为阳向，北为阴向，天属阳，应在南；地属阴，应在北，所以祭地的场所应在北郊；南阳北阴，天地互为对应。另外祭日于东郊，祭月于西郊，因此统称为“郊祭”。城郊可以避开密集的街市，免除人烟凡俗的喧闹，更接近自然，也更适于祭祀天地日月之神了。明清两代北京城的这些祭祀场所正是按这种格式安排的，祭天

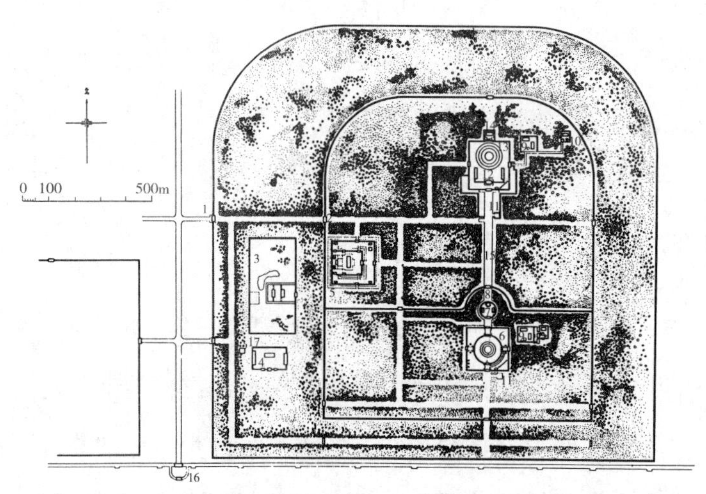

1. 坛西门　2. 西天门　3. 神乐署　4. 牺牲所　5. 斋宫　6. 圜丘　7. 皇穹宇　8. 成贞门　9. 神厨神库　10. 宰牲亭　11. 具服台　12. 祈年门　13. 祈年殿　14. 皇乾殿　15. 丹陛桥　16. 永定门　17. 钟楼

北京天坛平面图
（选自《中国古代建筑史》）

之坛位于南郊，祭地、日、月之坛分别在城的北、东、西郊。明代中叶扩建北京城，才将天坛划入北京外城墙之内。现在我们集中介绍天坛。

天坛始建于明永乐十八年（1420），与北京紫禁城属同一时期。清代对天坛建筑虽作过改动，但基本格局仍保持着原样。天坛占地4184亩，大概是紫禁城面积的4倍。在这么大的范围内，它兴建了些什么样的建筑，创造了一个什么样的环境来满足祭天的要求呢？天坛的正门在西墙的居中偏北，天坛的建筑分为两部分，主要祭祀建筑安排在天坛的偏东中轴线上；另一组建筑斋宫位于西部，在西门内通道的南侧。斋宫是皇帝祭天前在这里沐浴和斋戒的地方，每年冬至前一天，皇帝住在这里，以不吃荤食和干净的身体表示祭天的诚心和神圣之意。这两组建筑占地不多，除此之外，大面积都是种植着松柏常青树木的绿化地带，在总体上力求创造出一个自然而肃穆的环境。主要的祭祀建筑安排在偏东，使人们进入正门后需要经过一段很长的通道才能到达祭祀区，这就更加重了肃穆和神秘的效果。祭祀建筑又分两部分，前面是祭天的场所，主要建筑是圜丘。圜就是圆的意思，丘者堆土为丘，成为一个平台，称为坛。圜丘为三层平台，用石块砌造，周围设有石栏杆；在平台外围，没有建筑，也没有高墙，只有两道矮墙相围，外圈为方形，里圈为圆形；在两道矮墙之间，东南角有10多座铁炉和琉璃炉，西南角有三座高灯杆；整体环境干净肃穆。圜丘平台就是皇帝举行祭天大礼的地方，大典在每年冬至那天的黎明前举行。坛前灯杆上高悬着大灯笼，称为望灯，也叫天灯，灯笼高达八尺，里面的蜡烛就有四尺多高，一尺多粗；坛前的燎炉内燃烧着松香木和桂香木，既用来焚烧祭品，又能产生有香气的烟雾，一时间，鼓乐齐鸣，香烟缭绕，造成一种神秘之感。圜丘以北有皇穹宇，这是一座平面为圆形的单层小殿，是平时置放祭天神牌的地方。它左右有配殿，四周用圆形墙围绕，墙用细砖筑造，做工很精细，当两人站在围墙内不同的地点贴着墙面讲话时，由于墙面连续折射的结果，可以清楚地听见对方的声音，所以这里成了有名的回音壁。

天坛另一组祭祀建筑就是在皇穹宇北面的祈年殿建筑群，它是每年盛夏时皇帝祈求丰年的地方。主殿祈年殿为一圆形大殿，上有三层屋檐，下有三层石台；台前留有宽广的场院，前设祈年门，左右有配殿，四周有围墙，大殿坐落在北面中央，显得十分宏伟而庄重。圜丘和祈年殿这两组建筑，一个祭天神，一个祈丰年，都安置在一条轴线上，但二者之间却相距有 360 米之远，用一条宽约 30 米的大道相连。这条大道高出地面 4 米，两旁种满了青绿松柏，人行其上，头顶一片青天，脚下是起伏的绿涛，视野开阔，由南往北，仿佛步入苍天之怀，集中体现了天坛这个祭天环境所要达到的意境。

在前面宫殿建筑部分里，曾经讲到中国古建筑喜欢用象征的手法来实现建筑所要达到的某些精神功能上的要求。这种象征手法在坛庙建筑中也经常被采用，而其中尤以天坛最为突出，它集中表现在形象、数字和色彩三个方面。

中国古代对自然天体的认识，长期停留在天圆地方之说上，认为苍天是圆的，无边无际，大地是方的，所以在天坛里大量用了方和圆的形象。天坛里外两圈围墙，南面两个角是方的，北面两个角是圆的；天坛主要的祭祀建筑圜丘、祈年殿、皇穹宇都是圆形的，圆的平台，圆的平面和屋顶，而圆形之外又用了方形的围墙。

天坛祈年殿

阴阳五行学说中以单数为阳、双数为阴，天为阳，自然得用单数。而单数中又以 9 为最高，那么，皇帝祭天处自然多用九数才显示最大的尊敬。所以祭天的圜丘处处用九数，最上面的平台，全部用青石铺砌，中心一块圆石，外围皆用扇形石，第一圈铺砌 9 块，第二圈用 18 块，第三圈 27 块……直至第九圈 81 块；四周栏杆的栏板数也是九的倍数，上层栏杆每面 9 块，四面共 36 块，中层每面 18 块，下面每面 27 块；三层坛的台阶，每层都是九步。祈年殿是祈求丰年的地方，所以用的数字多与农业有关。大殿的柱子分三层，12 根外檐柱支撑着第一层屋檐，象征一日12个时辰；中层12根柱子表示一年12个月；加起来24根柱子又表示一年24个节气；里面四根柱子象征着一年中的四季；农业和天时季节的关系确是很紧密的。

黄色的土地，蓝色的苍天，这既是自然界的客观现象，又成了精神上的象征依据，于是黄色象征土地，蓝色象征苍天，祭天的场所就大量应用蓝色了。圜丘四周矮墙顶用蓝色琉璃瓦；皇穹宇、祈年殿屋顶也用的是蓝琉璃瓦；连祈年殿的配殿及祈年门、皇穹宇的配殿及皇穹宇券门这些殿门的屋顶都用的是蓝琉璃瓦。中国古代在陵墓、坛庙里往往栽植许多常青的松柏树作为环境的衬托，表示后人一种崇敬、怀念的心境。久而久之，这种松柏常青树所具有的绿色，也逐渐带有崇敬和追念的象征意义了。

在应用形象、数字和色彩的象征手法上，前二者虽然也是有形的，但它们的寓意毕竟比较隐晦，如果不加以解释，不对有关中国古代的历史文化有所了解，是不容易感觉得到的。不去细数台阶数、石块栏板数，自然不会发现它们都是九的倍数，发现了，也不一定知道它的含义。但是色彩却不一样，它是有形的，它能直接给人一种感觉，这种感觉往往是人们在生活中经历过而且能够认识的。蓝色的天，绿色的树，给人以开阔、宁静之感。在天坛，正是这种大片松柏所形成的绿色环境，加上在这个绿色环境中的片片蓝色和白色的建筑，使整个天坛具有一种肃穆、神圣和崇高的意境。可以说，祭天祈丰年的特殊要求为古代建筑匠师提供了广阔的创作天地，他们凭借着杰出技艺使天坛在建筑艺术上达到了高超的水平，从而成为中国古代建筑史的一颗明珠，而且可以毫不夸张地说，也是世界建筑艺术中的一件珍宝。

处于北京东、西、北郊的日、月、地坛，其规模都比天坛要小多了。它们都有土质的平坛和神库、神厨等建筑供祭祀之用，加上棂星门、围墙组成一个建筑群体。皇帝每逢春分到日坛祭祀太阳神，夏至到地坛祭祀土地神，秋分到月坛祭祀月神。在这里也用了不少象征性的手法，例如地坛属阴，在北郊；数字应用双数，所以地坛的方泽坛高两层，四面的台阶各有八级，台面铺砌的石块也都是双数。日坛祭的太阳神，太阳为红色，所以坛面上铺的是红色琉璃，到清代才因为使用不方便而改为方砖。

除天、地、日、月外，古代对名山大川也实行祭祀，例如在有名的五岳都有专门的庙供奉各方位的岳神。东岳泰山在泰安的岱庙中祭祀；南岳庙在湖南衡山；西岳庙在陕西华阴市的华山；北岳庙有两处，一在山西浑源县的恒山，另一则在河北曲阳遥祭恒山；中岳庙在河南登封市的嵩山。这五座庙规模都很大，表现了古人对永恒的冥冥大山的崇拜观念。

二、历史名人的纪念建筑

中国历史悠久，各个朝代出现过许许多多的名人。其中有在思想文化上卓有贡献的文人学士，有立下赫赫战功、为国捐躯的民族英雄，有不畏强暴、为民锄奸的清官，等等。人们为他们建庙立祠以资纪念，所以在全国留下了众多的名人祠庙。

在这类祠庙中，影响最大的就是孔庙。孔子是我国古代著名的政治家和教育家。他创立儒学，受到各代封建统治者的推崇，成了封建文化的正统，在群众中有深远的影响。在孔子家乡山东曲阜建立的孔庙是这类纪念性建筑中规模最大的。这是一组十分宏大的建筑群体，从南到北长达 650 米，在建筑的布置上可以分为前导和主体两部分。前面由三道牌坊五道门组成前导，占据了全庙长度的一半多，层层牌坊和门在两旁绿色的常青树丛中，创造了一个十分肃穆的环境。后面主体部分由四座殿堂组成，其中最主要的是大成殿，面阔达 9 间，重檐歇山式屋顶，大殿的 28 根檐柱全部由石料制成，在前檐的 10 根石柱上雕有突起的龙纹，两侧及后面的 28 根石柱上也有祥云和蟠龙的浅雕装饰，大殿内部供奉着孔子像。大殿坐落在二层石台基上，殿前留有宽广的月台，作为祭祀时举行仪式的地方。历史上不少皇帝都亲自来这里祭奉孔子以表示对儒学的尊重。除曲阜的孔庙外，在各地大城市也多设有孔庙，或者称为文庙。唐代武则天皇帝为了尊儒，命令各州都建孔庙。宋代范仲淹在苏州任知府时，特别重视教育，把苏州府的学校与文庙合建在一起，在府学学习文化，在文庙行尊孔之礼。这种做法深受朝廷赏识，被推广到全国，于是兴学必同时建庙，全国各府县就普遍建立起文庙了。这类文庙规模虽不大，但也都有大成门、大成殿、棂星门这几座基本建筑，加上旁边的学校，在一个县里也算得上是重要的公共建筑群了。

孔庙大成殿

三国蜀主刘备以忠义著称，先是桃园三结义，结拜了武将关羽和张飞，后是三顾茅庐，请出了军师诸葛亮。一部《三国演义》，使这几位英雄的传奇式业绩家喻户晓，于是全国出现了不少纪念他们的祠庙。四川成都的武侯祠和四川资中的武庙，名义上是纪念诸葛亮和关羽的庙宇，但在这两座庙中同时也都供奉着刘备和张飞。也有的是专门纪念某一位的，四川云阳县的张飞庙，山西解县的关帝庙都是规模相当宏大的庙宇。尤其是关羽，以一生忠义和武艺高超而著称，后来成了历史上武将的代表，所以纪念关羽的庙被称为武庙，它与文庙并存于全国的许多府县里。

宋代名将岳飞，率军坚持抗金，建立赫赫战功，后为奸臣所害，冤死狱中。清末政治家林则徐，不畏帝国主义强盗，在广东当众烧毁鸦片，抗击英军的侵略。这两位民族英雄的业绩在群众中都深有影响，所以在浙江杭州建有岳王庙，在福建福州建有林则徐祠以资纪念。

包拯也是在群众中极有影响的一位历史人物。他任职于北宋朝廷，体察民苦，严惩贪官恶霸，执法严明，铁面无私，自身又廉洁奉公，成为古代清官的典型，在他的家乡安徽合肥专门建有包公祠。李冰，在秦昭王时期（公元前4世纪）在四川当太守，他主持了著名的都江堰水利工程，造福后代，百姓为了纪念他和他儿子二人的功绩，在都江堰的东北岸上建了一座二王庙。此外，历史上有名的文人，如唐代大诗人杜甫，北宋文学家苏洵和他的儿子苏轼、苏辙，也分别建有专门的杜甫草堂和三苏祠来纪念他们。

以上所说的这些纪念性祠庙，在建筑上有什么特点呢？这些祠庙一般是建在名人的家乡和曾经工作过的地方，有的就是在他们原来的住宅上发展起来的，所以建筑布局多灵活，不拘于一定的统一格式，较多地具有民间建筑和地方性特点。位于四川云阳县的张飞庙，选在长江的南岸江边陡坡上，与县城正好隔江相望，庙中的结义楼、正殿、旁殿及轩阁亭台都随着地势高低布置在起伏的山坡上，各建筑翼角飞檐，造型不拘一格，整个建筑群成了该地的名胜。纪念李冰父子的二王庙，地点也是选在都江堰东北岸的玉垒山麓，从山下到山坡上的主殿，安排了四道门，它们的方向各不相同，用坡道上下左右连接，门的形式有牌楼、城楼、与大戏台结合的门楼，它们与影壁、亭台布置在一起，构成了建筑群体的入口序列，经过曲折的坡道，将人们从山底引导到二王庙的主要建筑李冰殿。在这中间，让大家通过不同的空间，观赏到不同的景观，所以在这组建筑的入口牌楼上挂着“玉垒仙都”的大匾，真是名副其实了。四川成都杜甫草堂原来就是杜甫在成都的住处，位于浣花溪旁，现在除了将主要建筑大门、诗史堂、柴门、工部祠放在中轴线上外，周围仍保持了原来的自然风貌，小桥流溪，丛丛翠竹，其中散布着横跨水上的水槛，以草作顶的碑亭，环境十分宜人。

这类名人祠庙还有一个很大的特点，就是具有教化的作用。前面说到的祭祀天地日月的坛庙，祭祀祖宗的太庙，不管祭祀的内容多么复杂，仪式多么隆重，其实祖宗并不知道，天地更属虚构，所行所为，自然也是做给人看的，是为了教化后人的。这种教化由朝廷所兴，主要目的是为了巩固和强化他们的统治。但是名人祠庙所供奉的，多是在某一方面对历史、对民族有过杰出贡献或者具有表率作用的人物，他们受到广大百姓的敬仰和喜爱，所以这些祠庙多由地方和民间修建，起着宣扬这些人物精神的作用。湖北襄樊隆中是诸葛亮青年时期隐居的地方，27 岁时受刘备三顾茅庐之邀才出山当了蜀汉的宰相。诸葛亮在这里的故迹经过历代保护和修建，成了今天的古隆中。这里建有诸葛武侯祠，里面有“抱膝亭”，是纪念诸葛亮在隆中时“每晨夜从容，常抱膝长啸”，以抒胸怀大志而报国无门心境的；还有三顾堂，题有“卧龙深处”的野云庵等。后人游览古隆中，身入其境，更能缅怀这位著名军事家、政治家的历史功绩。安徽合肥市的包公祠，规模不大，只有一个院落，建筑内外都很朴素，祠堂内供奉着包公坐像，墙壁上刻着包拯家训，这种环境本身就体现着这位包青天一生廉洁的品德。所以这些祠庙建筑具有很大的教化意义，尤其其中不少建筑，由于它们的地势险要，或者环境优美，往往成了一个地区的名胜区，吸引了千千万万的百姓，更使这种教化作用得到普遍发挥。在这些历史人物身上体现出的我们民族优秀的传统精神，正是通过这些祠庙建筑而得到了传播和继承。

广东广州陈家祠堂

三、地方的家庙与祠堂

我们到农村去，尤其到经济比较富裕的农村，往往可以看到历史上留存下来的祠堂，这是一种地方性的家庙。在中国古代封建社会里，上至世代相传的皇族，下到普通老百姓，家族观念都很深，往往一个村落就生活着同一个姓的一个家族或者几个家族。家族内都有自己的族规和族训，由有威望的族长实行统治，可以说这是整个封建社会在最基层的政治支柱和思想支柱。所以就像皇帝建太庙祭祀祖宗一样，各族也多建立自己的家庙祭祀祖先，这种家庙一般都称作祠堂。基层的祠堂和皇帝的太庙不同，它除了供奉和祭祀祖先外，还具有多种用处。一是祠堂也是族长行使族权的地方，凡族人违犯族规，都在这里被教育和受到处理，直至驱逐出宗祠，所以它也可以说是封建道德的法庭，带有基层衙署性质的建筑。二是祠堂也可作为家族的社交场所，族人在这里交往。尤其有的祠堂内还有戏台，在祠堂旁边附设学校和仓库，吸收本族儿童上学和储藏粮食。族人在这里观戏、上学，使祠堂成为具有民俗性质的公共建筑了。正因为这样，祠堂建筑一般都比民宅规模大，质量好，越有权势和财势的宗族，他们的祠堂就越讲究，几重院落、高大的厅堂、精致的雕饰，成了这个家族光宗耀祖的一种象征。

浙江兰溪市诸葛村祭祀诸葛亮的祠堂

第五章 园林建筑

园林是人们模拟自然环境而创造的景观，或者是在自然环境的基础上，经过人们加工过的空间。在这个环境里，人们身体可以得到休息，思想可以得到陶冶。自古以来，园林的形式很多，大到一个风景区、大型的苑囿和帝王的园林，小到一户人家的私家花园，乃至住宅之旁，居室前后，哪怕是很小的一块地方，布置几块山石，留出一洼水池，种以花木，也是园林。中国的五岳和四大佛山，经过历代的开发、经营成了著名的风景园林区；北京的圆明园、颐和园、北海，承德的避暑山庄都是名扬世界的皇家园林；江南苏州、杭州、扬州更留下了众多的私家花园；加上散布在全国住宅、寺庙里的小园，构成了一幅中国古代园林的丰富画卷。今天我们要介绍的包括园林环境和在其中的建筑，所以称为园林建筑。

一、中国古代园林建筑的发展

据历史记载，远在公元前 21 世纪的商代就有了苑。苑是选择一块山林之地，在里面放养一些野兽专供帝王狩猎行乐用的。这时，除了在苑内筑有高土台供观察天文和瞭望以外，还没有什么建筑。到了西周（公元前10世纪—前8世纪），苑被称为囿，囿的规模有大到方圆70里的，在这些囿中畜养禽兽和鱼类，挖有灵沼，筑有灵台，在灵台上开始建造宫室以供帝王享用。秦汉统一中原，这种苑囿得到进一步发展。汉代建造的卫林苑，长达300里，在其中畜养百兽，栽种各地花木，建造宫殿和供观赏游乐的建筑，已经是一座供帝王娱乐休息用的园林了。

魏晋南北朝时期，各国统治者之间相互并吞残杀，连年战争不息，使一些文人士大夫产生一种消极悲观的思想。他们不理世事，崇尚玄理，喜好清谈，一时间，逃避现实的老庄学说备受欢迎。他们隐逸江湖，寄情山水。这时期，山水诗、山水画大大盛行，大自然成了人们寄托感情的环境，于是文人士大夫开始也在自己周围经营起具有自然山水之美的小环境，这就兴起和发展了追求自然情趣的山水园林。帝王的以狩猎为主的苑囿也开始向山水园转化，在园中开池堆山，布置亭台楼阁，创造一种具有自然之美的环境。佛寺为了避开尘世之扰，多选择风景优美的山林之地建造寺庙，由此也开发了山区的自然风景点。文人仕宦更大量兴建私家园林，在园里堆筑小山，培植花木以陶冶他们的性情，寄托他们的情感。这个时期可以说是中国山水园林的奠基时期。

唐代是山水园林全面发展的时期。这一时期，国家相对安定，经济得到发展，文化上诗文、绘画、工艺都呈现出一片繁荣景象，建筑更是得到大规模的发展。京都长安城的北郊设有规模宏大的禁苑，另外还有东内苑、西内苑和南苑诸园。在大明宫的内廷区，挖有太液池，在池中堆有蓬莱仙山，池周围布置殿宇长廊，形成一个专门的内廷园林区。长安城的东南角曲江一带被开辟为公共风景游览区，每年二月的中和节、三月的上巳节、九月的重阳节，这里都是百姓聚会游乐的胜地。在杭州、广西的桂州（今桂林）都有这类供百姓游乐的自然风景区。在各地的风景建筑中最著名的是初建于唐代的江西滕王阁、湖北黄鹤楼和湖南的岳阳楼。这三座楼无论从建造地址的选择和建筑形象上都达到很高的水平。这个时期的私家山水园更得到极大发展。诗人白居易在他任杭州刺史时，极力开发了西湖风景区，同时他又精心营造了自己在洛阳的小宅园。宅园占地仅 17 亩，其中住宅占 1/3，水面占 1/5，竹林占 1/9；水池中有三岛，岛上有小亭，池中种有白莲、菱及菖（chāng）蒲；池岸曲折，环池的小路穿竹林而过，四周建有小楼、亭台、游廊，供读书、饮酒、赏月和听泉之用；园中堆筑有太湖石、天竺石、青石和石笋。小小宅园，经营了 10 多年，可见他用心之精。这类私家小园在洛阳一地就有千家之多。

到了宋代，造园更加普遍，从京都到地方，从贵族到平民，造园的地区和规模都扩大了。在京都汴梁，建造的帝苑就有九处之多，其中最著名的就是宋徽宗时所建的艮岳。为了建造这座帝王园林，在平江府（今江苏苏州）专门设了应奉局，负责搜集南方名花异石，凡发现民间有一石一木可用者，就破墙拆屋强夺运往汴梁。当时运输花石的船成群结队，所以称为“花石纲”，为此还引起极大的民愤。汴梁城内外，大臣贵族的私园不下一二百处。当时连一些酒楼为了招揽生意，也在店内设置园林，建造亭榭，有的挖池沼，设画舫，让宾客在船上饮酒作乐。大规模的造园活动促进了造园技术和艺术的发展。园中造山由用土堆山转为用石堆山，仿照自然界的屏障、峰岫、石壁、瀑布、溪谷，有的还做出山间磴道、栈道，仿蜀道之难，在这些实践中造就了一批堆石造山的名匠。植物栽培术也得到了发展，用驯化、嫁接技术使洛阳园林的花木多达千种，光牡丹、芍药的品种就有百余种。南方的名花如紫兰、茉莉、山茶花等也都在洛阳落户生长。

明清两代是我国古代园林的最后兴盛时期，给我们留下了不少名园，使我们能够具体地领略到古代园林的风采。

二、清代的皇家园林

清代的造园盛期自康熙皇帝开始，到乾隆皇帝为止。康熙皇帝用武力取得了政局的稳定，当经济得到恢复和发展之后，就开始了皇家园林的建设。建设集中在北京的西郊和河北的承德两地。承德是清代皇帝带着皇族狩猎和习武的地方，那里有山有水，气候凉爽。康熙四十二年（1685）开始在那里利用山丘起伏和热河泉水汇集之地兴建皇家园林，占地共 8000 余亩，这就是清代最大的皇家园林——承德避暑山庄。

北京的地形是三面环山，中间为一小平原，地势由西向东逐渐倾斜，北京的西郊正处于西面山脉与平原的交接处，多丘陵，除西山外，还有玉泉山、瓮山，地下水源充足。自金代开始，这里就建有不少皇家和私家的园林。到清代，把这些官私园林都没收入官，康熙利用明代官吏李伟的“清华园”旧址建造了畅春园，前有供议政和居住的宫

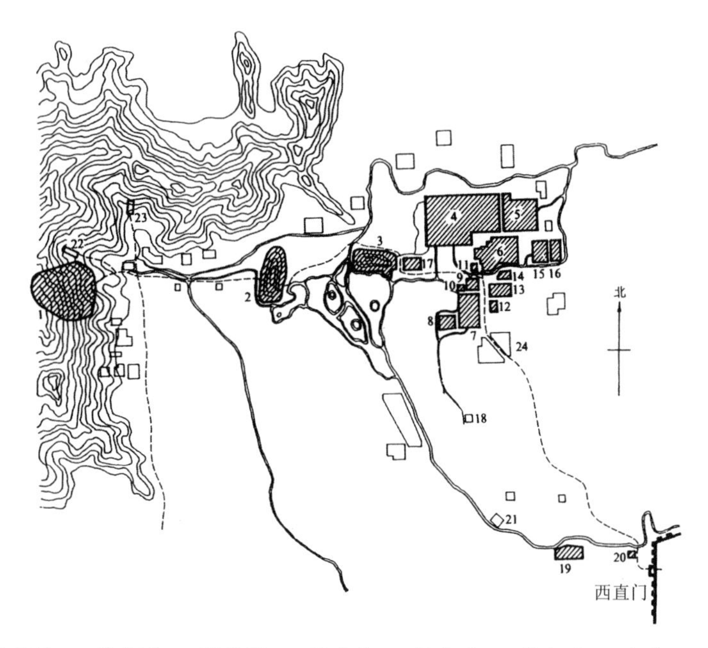

1. 静宜园 2. 静明园 3. 清漪园 4. 圆明园 5. 长春园 6. 绮春园 7. 畅春园 8. 西花园 9. 蔚秀园 10. 承泽园 11. 翰林花园 12. 集贤院 13. 淑春园 14. 朗润园 15. 迎春园 16. 熙春园 17. 自得园 18. 泉宗庙 19. 乐善园 20. 倚虹园 21. 万寿寺 22. 碧云寺 23. 卧佛寺 24. 海淀

清代乾隆时期北京西北郊园林分布图

殿部分，后有以水为主的园林部分，成为西郊的第一座离宫型园林。接着又将玉泉山的澄心园改建为静明园，在香山建造了静宜园。康熙四十七年（1708），在畅春园的北面特别建造了圆明园赐给他的儿子胤禛（雍正皇帝），胤禛当皇帝后，扩建圆明园，在里面处理政务并居住，使圆明园成了自己的离宫。乾隆皇帝即位，经过一段休养生息，国力昌盛，经济繁荣，他开始醉心于游乐。在六次下江南巡视的过程中乾隆皇帝饱览了各地风光之美，返京后大兴土木，将建造园林推向高峰。他进一步扩建圆明园，把附近的长春、万春两园并入，成为占地5000余亩的大型离宫型园林。乾隆九年（1744）圆明园工程完成，乾隆皇帝写了一篇《圆明园后记》，记叙了这座园林规模之宏伟，景色之绮丽，并告诫后世子孙不要再废弃此园而重费民力另建新园了。但是，时隔不久，他自食其言，又在圆明园西边不远的地方，利用瓮山和西湖水面，兴建起另一座皇家园林清漪园。至此，在北京西郊，建成了京都著名的三山五园，即香山静宜园、玉泉山静明园、万寿山清漪园和畅春园、圆明园。再加上附近的蔚秀园、朗润园、勺园（以上三园在今北京大学内）、熙春园、近春园（二园在今清华大学内）等，在方圆几十里的范围内，几乎是园园相通，楼阁相望，成为一个历史上空前的、举世无双的宫廷园林区。下面重点介绍圆明园和清漪园。

（一）圆明园

圆明园始建于康熙朝，完成于乾隆时。这里本是一片平地，既无自然的山丘，也没有已经形成的湖面。但是地下水源十分丰富，可以说挖地三尺即可见水，所以确是一处建造园林不可多得的佳地。在这样的自然条件下建园，自有它的特点。

特点之一是平地造园，以水为主。圆明园中有大型的水面如福海，它宽达600米，处在全园的中心，湖中建有岛屿；有中型水面如在正门北面的后湖及长春、万春两园内的湖，长宽二三百米，隔湖观赏对岸景色，尚可历历在目；有小型水面无数，山前房后，一塘清水，比比皆是；还有回流不断的小溪小河，如同园内纽带，将大小水面串联成一个完整的水系，构成为一个十分有特色的水景园林。正因为是平地造园，水面是挖出来的，挖湖堆山，一举两得，所以湖多山也多，大小土丘加起来约占全园面积的 1/3。只是这些土山都不高大，并没有破坏圆明园的水景特点。

特点之二是园中造园。圆明三园，规模宏大，但它没有清漪园万寿山和北海琼华岛那样的山峰可以作为全园的风景中心，它是用一组组小型园林布满全园的。这些小园或是以建筑为中心，配以山水树木；或是在山水之中，点缀各式建筑，围以墙垣，形成一个个既独立又相互联系的小园，组成无数各具特色的景观。这里有处在宫门内供皇帝上朝听政用的正大光明殿；有以福海和海中三岛组成，象征着仙山琼阁的“蓬岛瑶台”；有供奉祖先的庙宇安佑宫；设有佛殿的小城舍卫城；有建造在水中，平面呈“卍”字形的建筑“万方安和”。乾隆皇帝几次下江南，便想把苏州、杭州一带的名园胜景统统带到园里，于是圆明园里出现了苏州水街式的买卖街，杭州西湖的三潭印月、柳浪闻莺、平湖秋月等著名景观，只不过这些江南胜景在这里都变成了小型的、近似模型式的景点。

特点之三是园中的建筑形式多种多样，极富变化。建筑的平面除长方形、正方形以外，还有工字、口字、田字、井字、卍字、曲尺、扇面等多种形式；屋顶也随着不同的平面灵活地采用庑殿、歇山、硬山、悬山、卷棚等形式；光亭子就有四角、六角、八角、圆形、十字形，还有特殊的“流水”亭；廊子也分直廊、曲廊、爬山廊和高低跌落廊多种。乾隆时期还在长春园的北部集中建造了一批西洋式的石头建筑。这批建筑由当时在朝廷做事的意大利教士、画家朗士宁设计，采用的是充满了烦琐的石雕装饰，被称为欧洲“巴洛克”式样的形式，建筑周围也布置着欧洲园林式的整齐花木和喷水泉等。可以说这是西方建筑形式第一次集中地出现在中国。圆明园就是这样由不同大小的水面、不同高低的山丘和形式多样的建筑形成的各具特色的景观。在雍正时期就形成了 24 景，乾隆时期又增加了 20 景，加上长春园的 30 景和万春园的 30 景，形成占地 5000 余亩、共有 100 多处景点的宏大的皇家园林，所以西方有人把圆明园称为“万园之园”。

（二）清漪园（今颐和园）

1750 年，乾隆以庆贺母亲皇太后六十大寿和整治京城西北郊水系的双重名义，开始改造和经营颐和园。造园者首先将原来的瓮山和西湖加以改造，扩大了水面，在湖的东面筑成一道东堤，设有水闸，在湖的西面留出一条西堤，组成一个具有蓄水功能的大小三个水面的湖泊，定名为昆明湖。同时在瓮山上下大兴土木，在山的南坡中央建造了大报恩延寿寺，将瓮山定名为万寿山以庆贺皇太后大寿。公元 1764 年建成了占地 5000 余亩，水面占 3/4 的又一座大型皇家园林清漪园。

清漪园可以划分为三个大的景区。一是万寿山东部的宫廷区。凡属离宫型园林都有供皇帝上朝听政的地方，所以在清漪园的东宫门里有一组宫廷建筑群。其中有皇帝听政的仁寿殿，住宿用的玉澜堂、宜芸馆和乐寿堂，以及成组的服务性建筑。它们也是采用传统的前朝后寝的布局，仁寿殿在前，寝宫在后。

第二个景区是前山前湖区，这是清漪园最主要的部分。万寿山经过改造，形成坐北面南，前临湖水的良好格局，在山的前坡中央建有一大组大报恩延寿寺建筑群。寺的山门、大殿、佛塔沿着轴线，随着山势，由山脚到山顶，顺序安置在山坡上。其中最高的原为一座高九层的宝塔，还未完工，发现有倒塌危险，拆除后改建为供佛像的楼阁，即佛香阁。这一组建筑金碧辉煌，成了整座清漪园的风景中心。在它的两边，布置着成组的建筑，其中有宗教建筑转轮藏、五方阁；有游乐建筑画中游、听鹂馆、景福阁；还有许多可供休息玩乐的院落建筑。特别是在万寿山的南面脚下，沿着昆明湖岸，建造了一条长达 728 米的长廊，自东往西，贯穿整个前山区。人们漫步廊中，外观湖光山色，里望组组宫殿与住所；内望廊里，每一间廊子的梁架上都画满了不同题材、不同内容的彩画。长廊，成了一条绚丽多彩的画廊，一条观赏园内不同风光的游廊。前湖经改建后，用堤岸分隔成了三个湖面。西堤是模仿杭州西湖的苏堤，在堤上也建了六座桥。在三个湖中各有一岛，象征着东海中的蓬莱、方丈和瀛洲三座仙山。登上万寿山，近处的昆明碧水，远处的万顷良田，相连成片，一望无际，园林风光在这里得到了无穷尽的伸延。

三是后山后湖区。万寿山的北麓，紧靠着围墙，地势狭窄，本没有什么景致，但造园者却巧妙地在山脚下沿着北墙挖出一条河道，并且使河道形成宽窄相间的湖面，用挖出的土就近在北岸堆成山丘，两岸密植树木，然后将昆明湖水自万寿山的西面引入后山。这样就形成了夹峙在山丘之间的一条后溪河，在这条河的中段还模仿苏州水街建造了一条买卖街。泛舟后湖，或处于自然山林之间，湖面忽宽忽窄，忽明忽暗，山重水复疑无路，柳暗花明又一村；或进入繁华市街，两岸鳞次栉比地排列着各式店铺。登岸步入后山山道，则两旁高树参天，树荫深处，散布着组组亭台楼阁。到了后山的东头还出现一座谐趣园，这是模仿无锡寄畅园建造的园中之园。小水一塘，四周布置着楼台亭榭，环境宁静清幽，别有洞天。整个后山，变成一个与开阔的前山前湖迥然不同的、十分幽静的景区。

颐和园万寿山

（三）名园遭劫

公元 1856 年，英法联军发动了侵略中国的第二次鸦片战争，1860 年英法联军进犯北京，占领海淀，对圆明、畅春、清漪、静明、静宜诸园先是大肆掠夺园中财宝，后又放火烧毁了这些园林。清漪园除个别建筑外几乎被焚烧殆尽，清人对劫后的清漪园曾做了如下的描绘：“玉泉悲咽昆明塞，惟有铜犀守荆棘。青芝岫里狐夜啼，绣漪桥下鱼空泣。”这真是对一代名园满目苍凉景象的真实写照。直到光绪十四年（1888），慈禧太后挪用了海军造船的经费修复了清漪园的主要部分，并改名为颐和园。公元 1900 年八国联军进犯中国，慈禧太后带着光绪皇帝仓皇逃往西安，沙俄、英国和意大利侵略军相继进驻颐和园达一年之久，对园内陈设又抢劫一空，建筑的内外装修也遭破坏。公元 1902 年慈禧返回北京用巨款修复颐和园，并于公元 1904 年在园内耗费巨资举办了她七十大寿的庆典活动，这是封建统治者最后一次大规模地使用这座皇家园林。

圆明园被烧毁之后，在同治皇帝时曾下令用拆除清漪等园的旧料去修复三园，但不久就因国库空虚和意见分歧而中止，到如今也就只剩下西洋楼这一区少量石头建筑的断柱残壁了。现在许多人去参观圆明园，因为只见到这些石头建筑，所以把它们当作是圆明三园的昔日面貌，这真是一个误会。西洋楼并不代表圆明园的典型建筑式样，现在留存下来的断柱残壁只能使人们看到西方侵略者的野蛮与凶恶。

三、南方的私家园林

私家园林，尤其是具有代表性的南方私家园林也是古代园林中很重要的一部分。

（一）南方私家园林产生的条件

南方私家园林集中在今天的江苏、浙江一带，尤其是苏州、扬州、杭州这几座城市为数最多。这不是偶然的现象，而是因为这些地区具有建造园林的自然、经济和人文等诸方面的条件。建自然山水园，要有山有水有植物。江南一带，江流纵横，河网密布，水源丰富。园林堆山，除土以外，不可缺石，江浙地区多产石料，南京、宜兴、昆山、杭州、湖州有黄石，而苏州自唐代以来就出湖石。湖石颜色有深浅变化，形态玲珑剔透，历来为堆山之上品。江浙地属温带，冬季无严寒，空气湿度大，适宜生长常青树木，植物花卉品种多，这些都给造园提供了充分的条件。

造园与建宫殿、寺庙一样，需要有经济条件。江浙自古以来是鱼米之乡，手工业发达，苏杭自两汉以来就以盛产丝绸而闻名。随着商业的发展，城市繁荣，扬州在唐代就已经是重要的对外商埠了。经济的发达给造园提供了物质条件。

但是园林不仅是物质建设，而且还是一种文化的建设，需要有人文的条件。江南自古文风盛行，南宋时盛行文人画与山水诗，随着朝廷的南迁临安（今杭州），大批官吏富商拥至苏杭，造园盛极一时。明、清两代以科举取士，这个地区上京做官的为数不少，这批文人告老返乡，购置田地，建造园林。尤其是清代后期，北方战乱，官僚商贾纷纷南逃，在江浙一带购地造园，偷安一方。这批文人懂书画、好风雅，精心经营自己的宅邸，参与自己的园林设计，使这个时期在造园的数量和质量上都达到一个高峰。

（二）南方私家园林的特点

皇家园林和私家园林都属自然山水园，以模仿自然，得自然山水之真趣为上品，但它们又各有自己的特点。从园林的内容上看，皇家园林兼有朝政、生活、游乐的多种功能；而私家园林则有待客、读书、游乐的要求。从规模上看，皇家园林占地大，有几千亩之广，多选择在京城之郊；而私家园林附设在住宅之旁，占地不大，多者几十亩，小者仅几亩之地。从园林风格上看，皇家园林追求宏伟的大气魄，建筑金碧辉煌，颜色五彩缤纷，讲求园林的整体构图；而私家园林则追求平和、宁静的气氛，建筑不求华丽，色彩讲究清淡雅致，力求创造一种与喧嚣的城市隔绝的世外桃源境界。

（三）私家园林的造园手法

私家园林多设在宅邸之旁，除住宅外，它有待客、读书、游乐的多种要求。在功能上，住宅要隐蔽，读书处要安静，待客厅堂要方便，而游乐部分要有自然山水的趣味。在几十亩，乃至几亩之地的范围里用什么方法才能达到这些要求呢？也就是说，在园林的设计与建造上采取了哪些手法呢？

首先，在布局上，采取曲折多变的手法，这样才能在有限的空间里创造出丰富的景观。这种手法表现在道路的设置上，多用曲折多弯的形式而切忌用径直的大道。沿着弯曲的道路，巧妙地安设风景点，让游人一路走来，可以见到不同的景致，在有限的空间里，延长观赏的路线。这种手法还表现在景点的形象设计上，切忌雷同，而尽量采用多种不同的式样。廊子在春、冬季多雨，夏日炎热的南方园林中是不可缺少的建筑形式。但廊子很少用直线形式，而是沿墙而建，有时紧贴墙身，有时又离墙而行，成为多边多方向的折廊；有时随着山势而或上或下成为爬山廊和跌落廊；有时驾廊于水面而成水廊；随着这些廊子的高低上下和左曲右弯，都设置了不同的景点。有时面对着小亭一座，有时能见到墙根下的堆石和竹丛，有时直通建筑的入口，廊子成了一座园林观赏景色的最佳路线。景点的设计以建筑为主，有厅堂、亭榭、画舫、楼阁；但又不限于建筑，一处堆石，一棵古树，一丛翠竹都是可供观赏的景点，它们的形象各具特色，随着弯曲的道路，先后不同地展现在游人面前，真正达到了步移景异的绝妙效果。

其次，善于将自然山水的形象加以概括和提炼而再现到园林中来。在不大的空间里要创造出具有自然山水之趣的环境，就必须对自然山水的形态进行认真的观察研究，加以概括和提炼而典型地再现于园林之中，这样才能做到小中见大，得自然之神。例如堆山，用土或者用石，要依园的大小和周围的景观需要而定，但不论土山石山都应该像自然山脉一样，切忌呆板，如二峰并列，应有主有从，有高有低，不可如排笔之状。如以土为主堆山，则可广植花木，使山上郁郁葱葱，山的上下散置大小不同的石块，好像石自土中露出。若以石为主筑山，则在上下培以积土，种植一些花树，使之有自然生气，用石头太多，纵然是乖巧灵石，也失去自然之意。又例如开挖水池，水池形状以曲折为好，切忌方整。因为自然湖水绝无方方正正的形状。在比较大的水面上宜用石桥将水面分隔为大小不等的部分。为了使死水看上去如同活水，往往将池水的一角变成细弯水流，折入山石或建筑的基座之下，仿佛水自这里流出，水源无头。水面的处理，不可满布植物，即使是美丽的莲荷，也应错落有致。远处宜用莲荷，岸边桥头种植睡莲以宜近观。水池岸边，不宜满用石砌，最好以土为主，土石相间，稀疏布置石块，高低错落，高处可供人站在上面观水景，低处可供游人下到水面戏水作乐。所以水池不分大小，只要处理得好，可以小中见大，不显呆板局促；处理不好，池虽大也无自然之趣。

最后，讲究园林的细部处理。要做到小中见大，除要在布局、模仿自然山水上下功夫外，很重要的是十分讲究细部的处理，这里包括建筑、山水、植物各方面的细部处理。私家园林建筑类型并不少，有待客的厅、堂，有读书作画的楼轩，有临水的船榭，还有大量的亭、廊，亭子和廊又有不同的形式。建筑上的门窗更是多样。门有长方门、圆洞门、八角门，还有梅花形、如意形和各种瓶形的门；墙上除普通的窗外，还有花窗、空窗、漏窗，窗上的花纹，仅在苏州园林里就可以找出一二百种式样。连园林的地面都是用砖、瓦、卵石拼砌出各种不同的花纹图案。

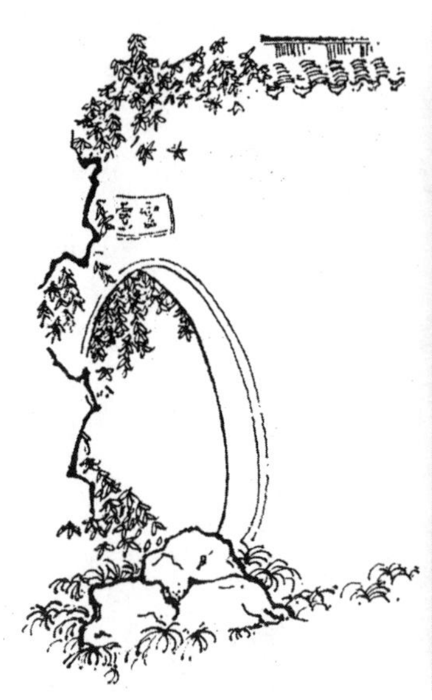

园林中圆洞门

江南园林圆洞门

石头除用作堆山外，还喜欢以独立或组合的形式供观赏。造园者选用颜色深浅有变化，形象玲珑剔透的石块，配以少许植物花草，放置在厅前、墙下，犹如一件大型盆景任人欣赏，在这里，堆石已成为独立的雕刻艺术品了。

园林中堆石

四、中国古代园林建筑的特点和造园经验

明代末年，中国出了一本名为《园冶》的书，这是一本造园的专著。作者计成，公元1582年出生于松陵（今江苏苏州市吴江区），从小喜欢绘画，青年时代游历过长江和华北一带，饱览过祖国山河之美，后来在家乡一带从事造园活动，积累了丰富的经验，成为著名的造园家。他53岁时，写了这本《园冶》。因为他既是一位能文能画的文人，又具有丰富的造园实践经验，所以他能在这本书中对园林的选址、立基及园林建筑的种类和式样，对堆山、选石、造墙、铺地等都做了详细的论述。书中不仅包括这些具体经验，而且还有作者对造园理论的理解和阐述，可以说这是一本对中国古代园林建筑经验的系统总结，作者的不少见解都带有精辟的理论性质。

在《园冶》第一卷的兴造论中，计成提出，园林"巧于因借，精在体宜"。所谓因就是因地制宜，随地基之高低，体察地形的端正，应用原有的树木、水流，看适宜建亭之处则建亭，适宜造榭处则造榭，什么都要处理得"精而合宜"。所谓借就是借景，园林虽有内外之别，但取景没有远近的限制。颐和园西面玉泉山上的玉峰塔，虽离万寿山有近2000米之远，但它却是颐和园最好的借景，仿佛塔也是园内的一处景点了。苏州拙政园内可以遥望到城内的北寺塔影。园外邻居楼阁的一角，墙外的繁花一株，都可以把它们组织成为园内的景观，这就是计成所说的远借、邻借和应时而借。所以他讲"极目所至，俗则屏之，嘉者收之"，这才是"巧而得体"。

在《园冶》第一卷的造园总论中，计成又提出建设园林，不论在城郊、乡村，选地、开路、建房屋、开门窗、造围墙、种花木，这些都要达到：“虽由人作，宛自天开。”就是说，人创造的环境，看起来好像是天工所开辟的自然界一样。怎样才能达到这种境地呢？计成又分别对建造亭、台、楼、阁，选石、堆山总结出了具体的经验，例如园中建廊，他说：“廊宜曲宜长则胜”，廊要“随形而弯，依势而曲，或蟠山腰，或穷水际，通花渡壑，蜿蜒无尽”。我们在南方许多著名园林中见到的正是这种蜿蜒无尽的游廊。人步廊中，随势而行，左顾右盼，步移景异。

概括起来看，一切从实际出发，充分利用已有的环境条件，精心去设计和经营房屋、山水、植物，使创造出来的园林环境，虽由人作，宛自天开，这就是中国古代自然山水园的造园要领。

第六章 民居建筑

民居，就是民间的住房。衣、食、住、行，这是人类生活的基本要求，所以居住建筑是在各类建筑中出现最早、数量最多的类型。

在北京周口店中国猿人的遗址中，我们了解到原始人类最早是住在天然山洞中的，后来才开始建造自己的住所。在生产力十分不发达的情况下，原始人只能在干燥地区挖掘地下的洞穴，在潮湿地区或者在树上，又或者在高地上搭造窝棚作为住房，我们称它们为穴居和巢穴或橧巢。《礼记·礼运》上说："昔者先王未有宫室，冬则居营窟，夏则居橧巢。"就是说，早期的帝王也没有宫室，冬天也是住在地洞，夏天也只能住在窝棚里。考古学家在陕西西安半坡村发掘出一处原始人的聚落，建造在河边的台地上，已经发现有住房遗址四五十处。它的中心部分还有供公共活动的房屋，外围还有作仓库的窟穴、烧陶器的窑场和埋葬死人的公共墓地。这里的住房有方形和圆形两种，每边或直径多为 3—5 米，它们的形式，早期的为半穴居，就是住房内的地面低于室外 80 厘米；晚期的圆屋地面已经和室外相平了。从遗址上留下的成排洞穴推断，这些房屋的上部可能是由树干和枝叶搭成的屋顶，屋顶上用掺有草茎之类的泥土涂抹以防雨雪。从陕西半坡村遗址可以看到，人类的住房逐渐由树上和地下移到地面上来了。可惜的是，这些早期住房，因为都是土木材料建造，几乎没有留下实例，我们只能从绘画、雕刻和坟墓里的明器（一种殉葬用的陶制模型）上看到早期居住建筑的形象。大体上说，汉代已经有大量平面为方形、长方形的住宅，已经用木结构构架、土墙，而且在有钱人的大住宅中已经有几座建筑组成的院落形式了。宋代住房形式已经发展得和明清时代的住宅没有什么差别了。

建筑总是以满足人的各方面使用要求为基本目的。居住建筑就是为满足人类的生活要求而创造的空间和环境。人的生活不能不受到社会因素的影响。这里包括生产力发展水平和生产关系的影响，社会意识、民族风俗、宗教信仰和生活习惯的影响，等等。在中国长期的封建社会中，宗法道德观念和生产、生活方式对居住建筑都有着决定性的影响。另一方面，建筑又受自然条件的影响。我国幅员广阔，从西北到东南，地势由高原到平原；气候由寒温带经中温、暖温直到亚热带和热带；西部干旱少雨，东部又潮湿多雨。在建造房屋的材料上除砖瓦外，西部多黄土，山区多木材、石材，南方又盛产竹材。这种种因素也在很大程度上影响到住宅的形式和建造方法。再加上各民族、各地区在风俗习惯、文化爱好等各方面都存在差异，居住建筑因此各具特色，呈现出丰富多彩的面貌。下面我们只能挑选几个地区的主要民居类型加以介绍。

一、北方的四合院

四合院是北方最基本的住宅形式，其中尤其以北京的四合院最为典型。它的基本形式是由几幢单体建筑，分别放在东南西北四面，建筑之间用廊子连接组成一个方形院落，所以称为四合院。

四合院的主要建筑称正房，都坐北朝南；两边东西向的房屋称厢房；南面是一排廊子，中间开一道门称二门；二门内部为四合院的内院，二门外是东西狭长的前院；院南面是一排称作倒座的房屋，四合院的大门就设在东南角上；在正房的北面还有一排后罩房。这些房屋的用处是：正房为一家的主人住房，东西厢房为儿女辈使用，前院倒座作待客的客房和男仆使用，后罩房作为库房、厨房和仆人用房，有时在正房两侧加建称为耳房的小屋多作厨房、厕所等用。这是北京四合院的标准形式。

有的小型四合院只有一道院落，正门进去直接到内院，既无前院，也没有后罩房；有的大型四合院则用几重院落前后重叠或左右并列在一起；有的还附有花园以满足富有的几代同堂大家庭的需要。

四合院房屋的门窗都开在朝院里的一面，背面除临街的一面有时开有小窗外，其余都不开窗，形成一个四外封闭的内向的住宅空间。这样的布置，一方面符合长幼有序、内外有别等一套传统的宗法观念，同时又满足一个家庭生活上的需要。

从大门进去，迎面有一堵称为影壁的短墙，上面有装饰雕刻，可以起到一个遮挡作用，不会让人一进门就直接见到内院的住房，同时也是进大门第一眼能见到的景观。内院多种花木，品种随主人的爱好而定，经常种的有海棠、柿子、紫荆、紫薇等树木和芍药、月季、玉簪、菊、莲荷等花卉。院子中央有十字形砖石铺砌的路，四周房屋用廊子相连以便雨雪天行走。整座四合院避开了城市的喧哗，创造了一个宁静和亲切的环境。

东北地区的四合院虽然也是由四面房屋组成院落，但由于这个地区地广人稀，当地多用马车作交通工具，又加以气候寒冷，所以这里的四合院占地比较大，院子宽敞，便于车马回旋。尤其院子的东西方向长，以便使正房更多地受到日照。大门开在南面的中央，门较宽，没有高起的台阶，便于车马进出。山西一些城市的四合院和东北的又不一样，因为城市用地紧张，每一户又都要临着街道，所以只能占据一小块临街的面积，同时也为了避免夏季烈日对正房的照晒，所以形成的四合院多呈南北长、东西窄的狭长条形状。

山西农村四合院

二、土窑洞

在我国河南、山西、陕西、甘肃地区，自古以来流行着一种窑洞式住宅。因为这个地区多为高原黄土地带，地势丘陵起伏，土质坚实，老百姓充分利用这个自然条件，创造了多种形式的窑洞住房。一种称靠崖窑，就是在天然土山崖上横向往里挖洞，洞呈长方形，宽约 3—4 米，深有达 10 多米的，顶上做成圆拱形，进口安上门窗就成了一间住房。规模大的有将并列的几个窑洞横向用券门打通连成一体；有上下做成

河南农村地坑窑洞院

二层或多层窑洞的；有在山崖外另建房屋与窑洞一起用围墙围成院落的。另一种称天井式窑，就是在平地上向地下挖一深井，呈方形或长方形，深约 7—8 米，再在方井的四壁横向往里挖洞当住房。从地面经阶梯到井内，井底院子也种植树木花卉，形成了一座环境秀美的地下四合院。

窑洞建筑的优点是既省工又省料。经济条件差，先挖一个洞，做一副木门窗就能住人。条件好了再接着挖洞，再做比较讲究的门窗装修。窑洞四周土质厚，所以保温好，洞内冬暖夏凉，适合北方气候。但它的缺点是比较潮湿，洞内通风不好，另外还怕雨水，尤其天井式窑洞，轻者滴漏，重者可使洞穴倒塌。

三、一颗印住宅

我国南方地区的许多住宅也是四合院的形式。由于南方地少人口密集，房屋占地不可能多，加以气候潮湿，尤其夏季炎热，所以这里的四合院的院子都比较小。正房厢房都连在一起，有的还做成二层楼房，既减少了占地面积，楼上又利于通风，比较凉爽，住宅中央的院子就成了楼房围成的小天井。这种四合院最紧凑的要算是云南地区的一颗印住宅了。

在云南中部地区有许多这种形式的四合院住宅。它的正房有三间，左右各有两间耳房，前面临街一面是倒座，中间为住宅大门。四周房屋都是两层，天井围在中央，住宅外面都用高墙，很少开窗，整个外观方方整整，如一块印章，所以俗称为“一颗印”。这种正房三间、耳房四间、倒座深有八尺的住宅又称为“三间四耳倒八尺”，在一颗印中最有代表性。在一颗印中，正房三间的底层中央一间多为客堂，为接待客人用，左右为主人卧室，耳房底层为厨房和猪、马牲畜栏圈，楼上正房中间为祭祀祖宗的祖堂或者是诵经供佛的佛堂，其余房间供住人和储存农作物等。这样的布置自然也是符合古代社会的家庭礼制的。

四、吊脚楼和鼓楼

我国广西、贵州、云南一带少数民族地区，多属山区，气候潮湿多雨而且炎热，为了通风避潮和防止野兽的侵害，采用了一种房屋下部架空，称为干栏式的住宅。

以贵州东南苗族、侗族地区为例，住宅随着山势的高低而建造，前后立柱也随地势长短不同地立在陡坡上。房屋分上下两层，下层多畅空，里面多作牛、猪等牲畜棚及储存农具与杂物用。楼上为客堂与卧室，四周伸出有挑廊，主人可以在廊里做活儿和休息。这些廊子的柱子有的不着地，以便人畜在下面通行，廊子重量完全靠挑出的木梁承受，所以这种住宅往往是里边靠在山坡上，外边悬吊在空中，这种建在山坡上的住宅称为吊脚楼。

在吊脚楼住宅密集的侗族村子中还有一种特殊的建筑，就是鼓楼。它的形象很像密檐式的佛塔，楼内挂着一面鼓，村中有事，击鼓为号，村民即来这里集合。平时村民也在鼓楼休息、聊天、交往。冬季楼内设炭火取暖，夏天备有凉茶供村民解渴，节日里村民就在这里聚会游乐。鼓楼全部用木料建造，平面有方形、六角形、八角形多种，外面用彩绘做装饰，在各层屋檐板上画满了各种动物、植物的彩色纹样。鼓楼高高地矗立在村子里，成了全村的政治文化中心，是侗族山村中不可缺少的公共建筑。

贵州侗族村中鼓楼

五、傣族竹楼

傣族竹楼是另一种干栏式住宅。云南西双版纳是傣族聚居地区，这里的地形高差变化较大，北部为山地，东部为高原，西部却为平原。全区气候差别也大，山地海拔达1700米，属温带气候；平原海拔750—900米，属亚热带气候；有的河谷平原，海拔只有500米，已经属于热带气候了。傣族人民多居住在平坝地区，常年无雪，雨量充沛，年平均温度达21℃，没有四季的区分。所以在这里，干栏式建筑是很合适的形式。由于该地区盛产竹材，所以许多住宅都用竹子建造，称为竹楼。粗竹子做骨架，竹编篾子做墙体，楼板或用竹篾，或用木板，屋顶铺草。所以竹楼用料简单，施工方便且迅速。竹楼的平面呈方形，底层架空多不用墙壁，供饲养牲畜和堆放杂物，楼上有堂屋和卧室，堂屋设火塘，是烧茶做饭和家人团聚的地方。外有开敞的前廊和晒台，前廊是白天主人工作、吃饭、休息和接待客人的地方，既明亮又通风；晒台是主人盥洗、晒衣、晾晒农作物和存放水罐的地方。这一廊一台是竹楼不可缺少的部分。这样的竹楼一防潮湿，二散热通风，三可避虫兽侵袭，四可抗洪水冲击。因为这里每年雨量集中，常发洪水，楼下架空，墙又为多空隙的竹篾，所以很利于洪水的通过。

傣族多信佛教而且宗教禁忌也多，几乎村村都有佛寺。规定在佛寺的对面和侧向不许盖房子；民房的楼面高度不许超过佛寺中佛像坐台的台面。历史上，由于经济上的悬殊差别，村里百姓的住房本来在大小和质量上无法与头人相比，但还在建房上做了许多规定，如劳动百姓的住房不能建瓦房，不准做雕刻装饰，廊子不许做三间，堂屋不能用六扇格子门，甚至楼梯也不许分成两段，楼上楼下的柱子不能用一根通长的木料，还不得用石头柱础，等等。这种种限制的确也影响了民居建筑在技术上的发展，使大量民居不可能保持很长的寿命。

云南傣族竹楼

六、江南水乡的住宅

人的生活离不开水，所以古代的城市、乡村多在邻近江河湖泊的地方选址建设。我国江南一带，水流纵横，给城乡的发展带来许多有利的条件，也使这些地区的住宅具有水乡特有的一些特征。

江苏苏州市是古代的平江府，唐宋时期就是江南有名的手工业和商业繁华的城市。它地处江南平原，著名的运河环绕着城的西面和南面。苏州利用了这个有利条件，将城内交通同时规划了陆路和水道两个系统，把运河水经城墙上的水门引入城里，通过干线和分渠组成了与街道相辅的交通网。这样就使城里的许多住宅都是前面通街，后面临河，家家户户的后门都设有台阶下到河面，造成一幅特有的水乡景观。

在安徽黟县的宏村、浙江楠溪江的岩头村和芙蓉村，都可以看到古代设计者将河水经过曲折的水道引到村里的景象。这些河水有的聚为集中的水塘，在水塘周围建造寺庙祠堂和住宅，每遇做佛事、办庙会，举行祭祀礼仪时，这里就成了群众聚会的场所。平日里，池塘边、大树下也是村民休息、交往的地方。灰瓦白墙的建筑，点点红绿的村民，加上水中的倒影，构成一幅绝佳的画面。引入村里的河水，最主要的还是让它沿着与道路并行的水渠流经家家户户的门前。流动的活水，大人在里面洗菜、洗衣，村娃在里面嬉戏玩耍，构成了水乡的特殊景致。有的住宅还巧妙地将门前的流水引入宅内，在正屋前的天井里聚水为池，池里堆一点假山，种几枝莲荷，平添不少情趣；有的将水流引经堂前又曲折流去，水上架设石板小桥，使住宅庭院生气勃勃。

七、奇特的土楼

在福建漳州市、龙岩市、泉州市一带有大量土楼，它们有方形的，也有圆形的。外观是高大的土墙，墙上开有少量的窗洞，很像一座堡垒。这种土楼的出现不是偶然的，因为在历史上，这个地区各氏族之间经常发生格斗，甚至发展到武装冲突。为了保卫自己氏族的安全，要求一个家族的各户人家集中住在一起，于是出现了这种能够容纳几十户人家的大型住宅。在这两种土楼中，最引人注目的还是圆形土楼，简称为圆楼。据多数学者认为，这种圆楼应是由方楼逐步演变而来的。这是因为无论从使用还是从结构、建造等方面来讲，圆楼都比方楼优点多。例如圆楼可以分作同样大小的房间而没有死角；屋顶施工也没有方楼屋脊十字交叉的结头；圆楼对风的阻力比较小；抗震能力比方楼要强；等等。

现存的圆楼外围直径小者五六十米，大者八九十米，以建于清代中叶的永定承启楼为例，外围直径约为 62 米，里面用三层环形房屋相套，共有房间 300 多间，最外一环高四层，底层为厨房和杂物间，二层储存粮食，三层以上住人，中心一环为单层的堂屋，是族人议事、举行婚丧典礼和其他公共活动的地方。

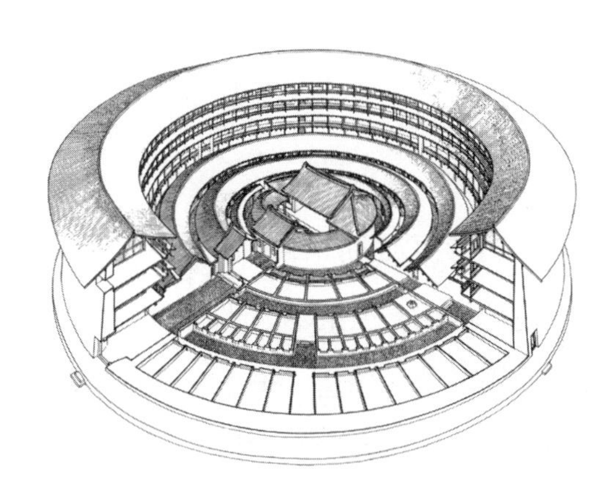

福建永定承启楼

（选自《中国古代建筑史》）

这么大的圆楼是怎样达到防卫目的的？从圆楼结构上看，首先是外围用高大厚实的墙体。墙厚少者 1 米，多有达 2.5 米的，全部用掺石灰的黄土筑造，逐层夯实。这种灰土墙年代越久越结实，有的圆楼在战火中曾遭大炮轰击也没有损坏，可见它坚实的程度。墙的地下基础用大卵石垒砌，卵石之间压砌得十分紧密，这样可以防止攻击者挖地道攻进楼内。所有房间都向院里开窗，所以墙外面多不开窗，只在上层开有方形枪孔，作为防卫者射击和抛扔石块之用。整座圆楼大门很少，直径 62 米的承启楼只开有三座大门。每座大门都用石料砌成门框，门扇用厚木料制成，外面还包有铁皮，里面用横、竖两道门闩顶住大门。为了防止用火攻烧门，在门的上方还特别设计了水槽，可以将水放下，在门扇外形成一道水幕，有效地防止了火攻。楼内挖有水井，专门储存粮食，这些都是为了适应长期战乱的形势而设置的。这种在特殊形势下产生的民居，如今成了中外闻名的住宅奇观了。

八、石头民房

我国西藏、甘肃、青海及四川西部一带盛产石材，当地多以石料为主要建筑材料建造住房。石头的墙，平屋顶，二到三层的小楼房，底层为牲畜房，二层为卧室、厨房，上层为经堂。在城市里比较好的民居是封闭的小四合院形式，四周二层房屋围绕着中央的小天井，底层安排接待室、卧室及库房，二层除接待室和卧室外，专设有经堂。藏族地区崇信藏传佛教喇嘛教，几乎家家户户都诵经拜佛，所以经堂成了住宅中必不可少的部分，而且占据着重要的位置，室内的装饰也比较讲究。这些藏族建筑的外观，墙下部是用粗石垒造，这些粗石色彩深重，质地粗糙；上部多为白色的粉墙面，墙上开有成排的梯形窗洞，这是藏族建筑特有的一种形式，每个窗洞上都带有彩色的出檐口，使整体造型严整而色彩华丽，表现出藏族建筑粗犷而凝重的风格。

四川康定藏族石砌住房

九、毡包

在内蒙古和新疆哈萨克等民族的聚居地，还流行着一种可以移动的住房，这就是为了适应游牧生活而建造的毡包，因为蒙古族用得最多，所以俗称为蒙古包。这种毡包平面为圆形，里面用木条编成框架，外面包以羊毛毡，直径4—6米，高2米，顶部还留有圆形的天窗，以便采光和通风。蒙古包便于拆卸和安装，毡包、框架加上牧民的生产、生活用品，驮在马背上就可以随着主人云游四方。它的外表简洁朴素，里面往往铺挂着地毯和壁毯，色彩鲜丽。在茫茫大草原上，在郁郁葱葱的天山脚下，灰白色的蒙古包三五成群，在一片天然的绿色环境里，形象十分引人注目。

内蒙古草原毡包
（选自《中国古代建筑史》）

简单地介绍以上的民居种类，并不是说我国古代就只有这几种民居建筑了。在我国辽阔的疆域里，在50多个民族地区中，由于社会条件和自然条件的不同，曾经创造出丰富多彩的民居建筑，这些民居成为我国古代优秀的建筑遗产中十分重要的一个部分。

第七章 建筑小品

在介绍了中国古代建筑的六种主要类型之后，这里有必要专门介绍一下古建筑中的“小品”。这里的小品是指古代建筑中的一些小建筑。前面已经论述过，中国古建筑的特征之一是建筑的群体性，就是说中国古代建筑都是以许多单幢房屋组成为建筑群体而出现的，从皇帝的宫殿到普通百姓的住宅莫不如此。在这些建筑群中，除了有殿堂、门楼、廊屋等建筑以外，还有多种不同形式的小建筑相配列。例如在宫殿、寺庙中，我们可以见到建筑群的最外面往往立有牌楼，在建筑群的大门口立有影壁、华表和石头狮子；在宫殿、坛庙主要建筑前排列着香炉、日晷、龟、鹤等雕刻；在寺庙里有不同形式的石碑、石幢；在陵墓建筑中有石柱、石门、石供桌；在园林里还有各式各样的堆石。这些建筑小品，在建筑群中虽然不是主要部分，但是它们在物质功能和环境艺术方面都起着重要的作用。在介绍各类型建筑时，对这些小品不可能有较详细的论述，所以现在有必要选择其中主要的几种专门加以介绍，以使人们对古代建筑有一个全面的认识。

一、牌楼

如果按小品建筑在建筑群中所处的位置来讲，人们最先能见到的应该是牌楼。它通常立在重要建筑群的前沿，或者在通衢大道之上，十分引人注目。我们去游览北京颐和园，最先见到的是一座木牌楼，走进牌楼才到达颐和园的东宫门。到北京明代十三陵，首先看到的也是一座很大的石牌楼，它是明代十三座皇陵的总入口，经过牌楼后才进入了陵区。在过去老北京的前门大街和东西长安街上都立有木牌楼作为进入皇城的标志。在北京东城、西城的商业街中心十字马路口，原来立着四座牌楼，所以老北京人都将这个地方称为东四牌楼和西四牌楼。后来由于城市的发展，马路加宽，这几座牌楼因为阻碍交通而被拆除，但北京人仍习惯性地称该地区为东四与西四，可见牌楼影响之大了。牌楼有哪几种形式，有哪些功能，在形象和艺术上又有些什么特点，这些都是十分有趣的问题。

（一）牌楼的种类

在这里，可以从两个方面来做区分，一是从建造牌楼的材料上，二是从牌楼的不同功能上。

从不同的建筑材料上区分，可以分为木牌楼、石牌楼和琉璃牌楼三种。木牌楼全部用木料建造，它们的构造方式是在地上立起单排柱子，柱子上安横枋将柱子连接在一起，枋子上安顶，顶的形式与木建筑一样，可以做成悬山、歇山、庑殿等各种形式，讲究的在枋子上还有斗拱层承挑着上面的屋顶，柱子下面用石料夹住以防倾斜，有时为了加强牌楼的稳定性，还在柱子两边加戗（qiàng）木斜撑在地面，在屋顶上用铁钩撑住挑檐。

木牌楼立在露天，常年受日晒雨淋，容易腐蚀损坏，为了保持牌楼的持久性，石牌楼应运而生。从总体上看，石牌楼大都仍然保持着木牌楼的式样。

北京颐和园五方阁前石牌楼

然而由于坚固耐久的石牌楼色调单一，不如木牌楼那么美观，于是又出现了一种琉璃牌楼。它们是在砖制造的牌楼外面贴以琉璃砖和瓦，其形式和石牌楼一样，仍保持着木牌楼的式样，用琉璃拼出柱子、枋子、斗拱和木结构的屋顶形式，色彩鲜艳而华丽。也有少数砖造牌楼的外面不包琉璃而成为纯粹的砖牌楼。

不论是木牌楼，还是石、琉璃、砖牌楼，它们规模的大小都是以柱子的多少和上面屋顶的多少来作依据。最简单的就是两根柱子组成一个开间，顶上有一个单檐屋顶，称为两柱一间一楼式；顶上也可以做成二楼、三楼的式样；四根立柱组成三开间的称为四柱三间，顶上还可以做成三楼、四楼，甚至五楼、七楼的式样；达到六柱五开间的就算是很大的牌楼了，过去立在北京前门外马路上的木牌楼和山东曲阜孔林前的“万古长青”石牌楼就是这种式样。

凡是在横枋上不要顶子的通常称为牌坊，这种形式在石造的牌坊中常见到。

现在再从牌楼的不同功用中看它的分类。

第一种是标志性的牌楼。它们多设置在宫殿、寺庙、陵墓等建筑群的前面，作为这组建筑的一个标志，所以多立于建筑群主要大门的正前方。如果道路是横穿大门前面，则在大路的左右各立一牌楼，沈阳故宫大清门前马路的两边就立着两座木牌楼作为故宫范围的标志。

第二种是纪念性牌楼。古代为了纪念一件事或者某个人，往往在当地建立牌楼，将人名及其事迹刻在牌楼上。安徽歙（shè）县中心有一座“许国牌坊”，建于明万历十二年（1584），这是纪念当地人许国的，他中了进士后，当了20多年的官，并且在云南打仗立了战功，被晋升为武英殿大学士，朝廷为了表彰他的功绩，在其家乡树立了牌楼。四川云阳县有一座石牌楼，是纪念当地一位妇女的，她17岁嫁人，28岁死了丈夫，独自侍奉公婆，并将子女抚养成人，被誉为节孝双全，为此专门立了牌楼并将她的事迹刻于牌楼正中的华板上。类似这种宣扬效忠朝廷、节孝双全的纪念性牌楼在全国各地为数甚多，在歙县唐樾（yuè）一个村里就一连立了七座之多，形成了一个牌楼系列。

第三种是大门式牌楼。前面讲到的标志性牌楼，由于它们处于建筑群的最前面，故也起到大门的作用，但它们是独立地存在，柱子中间也不安门扇，所以还不能称为真正的大门。现在讲的大门式牌楼是真正属于建筑群的一种院门，它们左右连着围墙，柱间有门扇，只不过又具有牌楼的形式。颐和园内的仁寿门，山东曲阜孔庙的棂星门都属这种类型。在四川峨眉山还可以见到用牌楼当桥上门的，这种形式大大地加强了桥的表现力。

商店前装饰性牌楼

第四种是装饰性的牌楼。这种形式在古代店铺上见得最多，它们既不是独立的标志，也不是大门，而是贴在店铺门脸上的一种装饰。这种牌楼都在铺面前立柱，柱上横枋多高出店面屋顶，用冲天柱的形式，在牌楼上可以悬挂各种店铺的招牌。在南方一些地区的祠堂、寺庙的大门上，还可以见到一种牌楼式的门脸，大多用砖砌或粉刷造出牌楼的形式，贴在大门的左右和上方墙上，成为大门的一种装饰。

（二）牌楼的形式和装饰

牌楼既为标志性建筑，又具有表彰功名的纪念作用，所以很注意本身形象的塑造。从总体形象来看，即使是简单的二柱一间式牌楼，也可以在柱上做成一楼、二楼（重檐）、三楼、四楼乃至五楼的不同顶部的形式；有的还可以在立柱的外侧悬挑出梁枋，下面做成不落地的垂花柱，更增加了外形的变化。在四柱三间、六柱五间的牌楼上，顶部变化更加丰富，除了楼顶数不同之外，还有悬山、歇山、庑殿各种式样的不同，以及单檐、重檐，柱子冲天不冲天等等的变化，从而使牌楼产生各种不同的形象。

除总体形象的塑造外，牌楼还十分注意用装饰来丰富它的表现力。木牌楼的顶部和一般建筑一样，有屋脊和脊上的正吻、走兽，瓦上的勾头、滴水一应俱全。南方牌楼的顶也是四角翘起，高高地昂向青天，形象十分生动；牌楼身上则布满彩画。官式牌楼用和玺、旋子彩画，地方上的牌楼则不拘一格，人物故事、花鸟鱼虫皆可入画。石牌楼多用单色石料制造，所以它的装饰主要依靠石雕来表现，从屋顶上的吻兽，檐下的斗拱到梁枋柱头上的彩画全部都用石雕，而且还利用柱下夹杆石和基座等面积比较大的石面，突出地表现了雕刻艺术。北京明十三陵入口的大石牌楼，在它的六根立柱的基石面上都有双龙戏珠和双狮玩绣球的雕刻，龙象征帝王，狮子代表着吉庆，自然用得最多。山西五台山龙泉寺有一座石牌楼，可以说把石雕装饰的作用发挥到极致了，从牌楼的屋顶，檐下斗拱、梁枋、基座一直到斜撑在地上的八根戗柱身上都布满了雕刻。中央开间的枋子上有双龙戏珠，四周布满流云，枋子下面雕着如意、灵芝、蝙蝠和各种仙果；屋顶正脊两端是腾飞的龙头，脊上满是盛开的花朵；牌楼正中雕的是“佛光普照”“共登彼岸”“同入法门”等字样；这种用深雕、浅雕、透雕交错组成的华丽装饰，目的就是要表现出佛光普照的佛国极乐世界的一片繁荣景象。琉璃牌楼主要依靠琉璃本身的色彩与光泽起到装饰作用。

山西五台山龙泉寺石牌楼

除琉璃瓦屋顶外，牌楼的枋子、柱头，乃至柱身都用黄、绿不同色彩的琉璃面砖拼出彩画图案；顶楼下正中的龙凤板上和枋子之间的花板上也用琉璃拼出花饰；这些琉璃在柱子间红墙和白石券门的衬托下，使整座牌楼显得十分华丽而庄重。

（三）牌楼的题字

作为标志性和纪念性的牌楼，它上面的题字往往也能体现牌楼的重要作用。

在标志性或者作为大门的牌楼上，它的题字就是这组建筑群的名字，题字位置都在牌楼中央开间的横枋之上。例如曲阜孔庙前的“至圣庙”石牌坊就是至圣庙的大门。在记功性的牌楼上，往往把表彰者的姓氏或者表彰的内容作为标志。歙县的许国牌坊，表彰的就是大学士许国，所以“大学士”成了牌坊名。歙县唐樾村道上的七座石牌楼主要表彰当地的孝子、节妇和为老百姓做善事者，所以牌楼的标题是“节劲三冬”“天鉴精诚”“乐善好施”。但是也有的牌楼名称并不直接标明意思而采取了间接和含蓄的表现手法。北京颐和园东宫门外的木牌楼是全园第一道入口，牌楼正面题名为“涵虚”，背面为“罨秀”，“涵虚”即包含着太虚之境，意思是园内风景恬静清幽，有太虚之境的美；罨（yǎn）是彩色之意，“罨秀”是指景色如画，色彩丰富而秀丽；在这座入口第一道牌楼上就把园内的景象描绘出来了。

二、华表

北京天安门前有一条金水河，河上架有几座金水桥，在桥的前面，左右分别有两只石头狮子和两根高高的称为华表的石头柱子，这些狮子和华表对天安门起着衬托的作用，大大加强了这座皇城大门的威严。

这种华表是怎样产生的呢？传说古代帝王为了能听到老百姓的意见，在宫城的外面特别悬挂了“谏鼓”，在车马人行的大道上设立了“谤木”，《淮南子·主术训》中记载着：“尧置敢谏之鼓，舜立诽谤之木。”所谓谏鼓，就是在宫外悬鼓，让臣民有意见就击鼓，帝王听见后就让臣民进去当面谏告；所谓谤木，就是在大路口、交通要道上竖立木柱，臣民可以把意见写在上面。古代的“诽谤”，原来本无贬义，而是议论是非、指责过失之意。谏鼓、谤木是否确有其事，难以考证。历史上一向将尧舜时代称为盛世，把唐尧、虞舜当成帝王的典范，其实他们当政时中国还是原始社会时期，没有阶级，也没有国家，他们都是一个部落的大酋长，遇事习惯于找众人商量，连酋长的继承人也由众人选举，这就是历史上有名的“禅让”之说。但是那个时候生产力水平还十分低下，生产工具仅仅是石器和弓箭，吃半生的肉，穿粗布衣，住的是穴居和土屋，尤其是当时文字还很简单，要把意见写在谤木上是很困难的，后世人并不注意这些事实，他们只看到那个时代在政治上的一点平等现象，就将尧舜之治当作最高的政治理想了。当中国进入奴隶制和封建制社会以后，文字发达了，能够把意见写到谤木上了，但这种发扬民主的纳谏之举却反而行不通了，“八字衙门朝南开，有理无钱莫进来”，县衙门尚且如此，帝王宫殿自然更进不去了。于是，立在大道上的谤木不再有听纳民意的作用了，而是逐渐变为交通要道口的一种标志了，所以到后来“谤木”又被称为“表木”，这就是华表的起源。

那么，这种表木最初是什么样子呢？据古籍中记载，早期的谤木，即后来的华表，它的形状是以横木交柱头，样子像桔槔（gāo）。桔槔是古代吸水的工具，样子是一根长杆，头上绑着一个盛水的水桶，所以华表最初的形式就是头上有一块横木或者其他装饰的一根立柱。在宋代张择端画的《清明上河图》上，可以看到在虹桥的两头路边各有一根木柱，柱头上有十字交叉的短木，柱端立着一只仙鹤，这显然就是立在桥头作标志的华表木。这种华表立在露天，经不住常年的风吹雨淋，很容易损坏，于是木柱逐渐被石头柱子所代替，但是它的形状还维持着木柱子的式样，细长的柱身，柱头上有一块横板，这就成了华表最早的、最基本的形式。

由早期的石柱子发展到今天在天安门前见到的华表，自然经过了漫长的时间，可惜历史上各时期留存下来的华表很少，如今见到的多为明清时期的华表，所以只能就这些华表的形象加以分析。

一座华表可以分为三个部分，即华表的柱头、柱身和基座。华表的柱头上有一块平置的圆形石板，称为“承露盘”。承露盘起源于汉朝，汉武帝在神明台上立一铜制的仙人，仙人举起双手放在头上，合掌承接天上的甘露，皇帝喝了这自天而降的露水就可以长生不老。后来都将仙人举手托盘承接露水称为承露盘，北京北海琼华岛上就有这样一座仙人手托承露盘的雕像。再以后，凡在柱子头上的圆盘，不管是不是仙人手举，不论能否承接露水都称为承露盘。华表上的承露圆盘由上下两层仰俯莲瓣所组成，承露盘上立着小兽，这种蹲着的小兽在明清时期的华表上称为“朝天吼”。《清明上河图》中虹桥头上的华表木上立的是一只仙鹤，这里面还有一段传说。汉朝时，辽东人丁令威在灵虚山学道，经千年成仙后，化作仙鹤回到宋都城汴梁，落在城里的华表木上，有少儿要用箭射鹤，仙鹤忽作人语道：“有鸟有鸟丁令威，去家千年今始归，城郭如故人民非，何不学仙冢累累。”意思是感叹人世的变迁无常，还不如遁世避俗去学仙。

在天安门的前后两面都各有一对华表，门前一对华表顶上的石兽面皆朝南，背面一对华表顶上的石兽面皆朝北，传说这一对石兽是望着紫禁城，希望皇帝不要久居宫廷闭门不出，不知天下人间的疾苦，应该经常出宫体察下情，所以叫“望君出”。正面那一对面朝南方的兽是盼望君王不要久出不归不理政务，所以又叫“盼君归”。这些自然是反映了世人的愿望，但这类传说之所以依附于华表身上，也说明了华表这类建筑小品在整组建筑群中所占据的显要位置。

明清时期的华表柱身多呈八角形，在宫殿、陵墓前的华表柱身上多用盘龙作为装饰，一条巨龙盘绕着柱身，龙头向上，龙尾在下，龙身四周还雕有云纹，当人们站在天安门前高 9.57 米、清孝陵前高 12 米的石头华表面前，昂首观望，在蓝天的衬托下，柱子上的巨龙仿佛遨游在太空云朵之中，显得十分有气势。

北京天安门华表

华表的基座一般都做成须弥座的形式，随着柱身也呈八角形，座上雕满了龙纹和莲花纹，在天安门的华表下面，在基座外还加了一圈石栏杆，栏杆四角的望柱头上还各立着一只小石头狮子，狮子头与顶上的石兽朝着一个方向，这种栏杆对华表既有保护作用，又起到烘托作用，使高高的华表显得更加庄重和稳固。

华表作为一种标志性小建筑，不仅立在建筑群的门外，有时也立在交通要道的桥头和建筑物的四周。河北宛平（现属北京市丰台区）

卢沟桥两头各有一对华表，明十三陵碑亭的四周角上也各立着一座华表，它们都对主体建筑起到很好的烘托作用，它们的形状和高低大小都与它们所处的环境相协调，成为整个建筑群体中有机的一个组成部分。

三、影壁

当人们漫步游览古建筑群，经过牌楼走入大门之际，往往会看到在大门的里面或者外面立着一座独立的短墙，墙上还有装饰，这种短墙称为影壁，它面对着大门，起到一种屏障的作用，因为它总是和进出大门的人打照面，所以又称为照壁或照墙。

（一）影壁的种类

影壁因为它在门内、外的位置不同可以分为以下几类。

第一类是设在门外的影壁，它是立在建筑群大门之外，正对着大门并有一段距离的一座墙壁，它往往处于规模比较大的建筑群门外，和大门外左右的建筑或者牌楼围成一个广场。北京紫禁城的宁寿宫，作为乾隆皇帝退位后居住的宫殿，自然气魄要大。在宁寿宫第一道大门皇极门的正对面，立着一座很长的影壁，上面有九条巨龙，所以称为九龙壁，它算是影壁中规模最大的了。北京北海和山西大同也各有一座九龙壁，现在人们把它们当成一座独立的大型艺术品来欣赏，其实原来分别是北海天王殿以西的一组建筑（现已毁）和明太祖朱元璋的儿子朱桂在大同的代王府门前的琉璃影壁。北京颐和园东宫门前面也有一座很长的影壁，它在木牌楼的后面，与东宫门前左右的建筑围合成一个相当大的宫门前广场。除了这类宫殿建筑群之外，在一些大寺庙前也有这类影壁。北京白云观、四川成都文殊院、宝光寺的大门前面都立有影壁；南京夫子庙利用流经门前的秦淮河作为泮池，所以门前的影壁被安置在秦淮河的南面，隔着河与庙门对峙着。

山西大同九龙壁

第二类是设在大门里面的影壁，它们立在建筑群的门里，也是正对着入口，与门保持一定距离，它们挡住了人们的视线，防止进门的人对建筑内院一览无余，很好地起到屏障的作用，所以这类影壁往往出现在帝王寝宫和住宅建筑里。紫禁城西路的养心殿是明清两代皇帝的寝宫，在它的第一道门遵义门内，迎面就有一座黄色的琉璃影壁。在内廷东、西路的帝后、皇妃们居住的宫院内也多设有木制的、石制的影壁。在北方四合院住宅中更广泛地出现了这类影壁，它们位于大门里面，正对着入口，单独为一座短墙或者利用四合院厢房的山墙作为影壁，这种形式已经成为四合院的一种标准模式了。有的在四合院里院，正对着院门还有一座影壁，使四合院内部的环境更为宁静。

第三类是设立在大门两侧的影壁。影壁除了具有屏障的作用外，还同时具有装饰的作用，故有时在大门两侧设立影壁以起到增加入口气势的作用。紫禁城内廷部分的大门乾清门，它的规模自然不能超过外朝部分大门太和门，所以在开间多少，屋顶形式，台基高低等各方面都要低于太和门，但它又要保持相当的气势，所以在门的两边各立一座影壁，呈八字形列于左右并与大门组成为一个整体。在紫禁城的斋宫大门、养心门、御花园的天一门两边都加设了这种影壁，但是这种影壁已经不是独立存在而是与大门连在一起成为大门不可分割的一部分了。

如果从建造影壁的材料上分类则可以分为砖影壁、石影壁、琉璃影壁和少量的木影壁。砖影壁最多，从上到下全部用砖砌造，讲究的大型砖影壁也有将影壁基座部分改为石造的，使影壁比较坚固与稳定。在砖影壁的外面贴以琉璃则成为琉璃影壁。全部用石造的影壁所见不多，因为加工比较费时。至于木影壁，因为木料经不住日晒雨淋，所以更为少见。

北京紫禁城乾清门两侧影壁

（二）影壁的造型与装饰

小小一座影壁，因为它处在大门的里外，位置显要，所以很注意自身的造型与装饰。从总体形象看，影壁和普通的墙相似，可以分为上面的壁顶，中间的壁身和下面的壁座。壁顶和普通屋顶一样，可以做成四面坡的庑殿、歇山、悬山和硬山等各种形式，按影壁的重要性而分别采用。壁身是影壁的主要部分，也是装饰集中的地方。壁座大多采用须弥座的形式。从外部形状看，大多数影壁只是简单的一面墙体，但少数影壁在墙体两头又做成八字形的两翼，成环抱状面向大门，使门前广场更显出内聚性。有的影壁的壁顶做成中央高、两边略低有主有从的阶梯形，丰富了影壁的造型。

山西住宅大门外砖影壁

从影壁的装饰上看，宫殿建筑前的九龙壁应该是最华丽的了。紫禁城宁寿宫前的九龙壁建于清乾隆三十六年（1771），它的总长29.4米，总高3.5米，是一座矮而长的大型影壁。除壁座为石料建造外，壁身、壁顶全部都由琉璃砖瓦拼贴。九龙壁的壁顶采用四面坡的庑殿顶，除屋脊两端各有正吻以外，在长20多米的脊上有九条琉璃烧制的行龙，左右四条都面向中心，中央一条是正面的坐龙，龙身为绿色，四周布满黄色的云朵，八条行龙前各有一颗白色的火焰宝珠，简单的一条正脊，经过这样的装饰也显得十分华丽而醒目了。

壁身是这座九龙壁的主要部分，在巨大的壁身上安排着九条巨龙，它们的姿态各不相同，左右也不对称，有的是行进中的行龙，有的是头向上的升龙，中央是一条坐龙。每条龙的龙身盘曲，龙爪舒展，充满着动态的力量。龙身之间插有峻峭的山石、飘浮的云纹和起伏的水浪，九条巨龙腾跃飞舞在这一片水浪、云山之间。从影壁的色彩上看，九条蟠龙分别采用黄、蓝、白、紫、橙五种颜色，次序是中央坐龙为黄色，左右各四条依次为蓝、白、紫、橙四种颜色，龙身以外的底子是蓝、绿色的云纹、水浪和山石，以及白色和黄色的火焰纹。这样的色彩配置使得九条龙体和火焰宝珠在青绿色的底子上显得十分醒目。

北京紫禁城宁寿宫九龙壁

值得注意的是，这面面积达 40 平方米的琉璃壁面都是由一块块琉璃面砖拼接而成的，整块壁身分隔成 270 块琉璃砖，由于壁面图案的复杂，没有一块画面相同。在制造过程中，首先要进行整幅画面的设计和塑造，然后加以精心地分块，每一行块与块的接缝上下要错开，还要尽量使接缝不要落在龙头上以保持龙头形象的完整；这些图案不同、高低有别的 270 块塑体都要涂上色料，送进琉璃砖窑烧制出不同色彩的琉璃砖，然后将它们按次序一一拼贴到壁身上去；拼贴时务使块与块之间、上下左右的花纹要吻合，色彩要一致，连接要牢固，最后才能得到一座完整的九龙影壁。

如今，经过 200 多年的风雨磨洗，我们看到的这座影壁，九条巨龙的形象还是那么完整而生动，龙身、云水、山石、火珠的色彩还是那么晶莹而有光泽，各块琉璃砖之间也没有发生错位，甚至连琉璃的釉皮都很少有剥落的现象。从这里可以看到，乾隆时期我国在琉璃制品的设计、烧制工艺、安装技术等方面都已经达到了相当成熟的水平。

在九龙壁的装饰中还有一个有趣的现象，影壁的顶采用五条脊的庑殿顶，正脊上装饰着九条龙，屋檐下 48 攒斗栱之间共有 45（5×9）块栱垫板，壁身上是九条巨龙，壁面由 270（30×9）块琉璃砖拼接，就是说，九龙壁各处都或明或暗地蕴藏着九和五的数字。在前面宫殿部分已经介绍过关于古代阴阳的学说，在数字中单数为阳数，其中以九数为最大，因此它象征着皇帝，这种象征性、寓意性的手法在宫殿建筑的九龙壁上又一次得到充分的表现。

大多数影壁自然不可能像九龙壁这样装饰，它们只是在壁身上有重点地进行一些装饰。这些装饰从布局来看，多集中在壁身的中心和四个角上；从内容上看，有各种兽纹和植物花卉，内容很广泛，但往往和这座建筑的内容有联系。紫禁城西路的重华宫是乾隆皇帝当太子时的住所，所以在大门两旁的影壁上都用龙纹装饰；西路养心殿和东路养性殿都是皇帝、皇后的寝宫，所以在这两座宫内的影壁上用了“鸳鸯卧莲”的装饰内容，在海棠形的装饰框里，两只白色鸳鸯游弋在碧水上，周围有绿色的荷叶、莲蓬和黄色的荷花；御花园钦安殿是道教宫殿，殿前大门两旁的影壁上用的是仙鹤和流云装饰。当然，在众多不同位置的大小影壁中，用得最多的装饰题材还是植物花卉，这些装饰在宫殿建筑的影壁上大多是用琉璃来制作，色彩鲜艳，效果突出。但是大多数寺庙和住宅的影壁都是砖影壁，它们的装饰多用砖雕而不用琉璃，有的将壁身部分抹以白灰，在白色底子上绘以彩画，使装饰效果更加突出。云南大理传统民居“三坊一照壁”就是由三面房屋，一面影壁围合成的四合院，影壁成了住宅很重要的一个部分，它面向正房，所以很注意自身的装饰，除了在壁顶上有时用高低相配的形式以打破单调的式样以外，在壁身上多用不同色彩的图案组成周围的边饰，有时还用带花纹的大理石镶嵌在壁身上作重点装饰，使影壁既华丽又带有地方色彩。北京四合院大门内的影壁都用砖砌造，有的全部为砖面；有的将壁身抹成白灰面，再在上面加局部的砖雕装饰，总体色彩素雅；有时在影壁前放置植物花卉，湖石盆景，使影壁倍增生气，成为住宅入口第一个绝佳的景观。

四、碑碣

人们走进寺庙，往往可以看到石造的碑碣立在大殿的前面，这种碑碣简称为碑，是专门记载与庙有关的事迹，如寺庙的历史，修建的经过，建庙、修庙出钱出力的人名，等等。在规模较大和历史悠久的寺庙里，这种碑还不止一块，有时还把重要的石碑立在专门建造的碑亭中加以保护。

碑既然成为记事的一种形式，它就不仅在寺庙里，而且还出现在其他需要记事的地方。清朝乾隆皇帝在巡视沈阳故宫时，加建了一座专门储放四库全书的文溯阁，并且在文溯阁的旁边特别建造了碑亭，亭中立碑刻记着建阁的经过。在河南永城市北郊的芒砀山，有一块名为“日月汉高祖斩蛇处”的石碑，据《史记》记载，一日汉高祖喝了酒率众将士夜行至此，走在前面的下臣报告说前有大蛇挡道，高祖说：“壮士行，何畏”，拔剑把路上的蛇斩杀了，蛇的鲜血流满地面，因而在这里长出一片红色草地。后来有人路过此处，见一老妇在哭诉：“我儿子是白帝之子，变成蛇挡住了大道，被赤帝之子杀了”，说完即消隐不见。后来汉高祖当上了皇帝，就在当年斩蛇处立石碑以资纪念。原碑已毁，现在这块碑为明代所立，碑上专门刻记了这个历史故事。

碑除了记事外，也有专门记人的。河北沙河市有一座唐代的“宋璟碑”，宋璟为唐代政治家，曾担任过尚书、右丞相等职，死后归葬家乡。此碑立于唐大历五年（770），由大书法家颜真卿撰写的碑文，字体气势豪迈，所以特别有历史和艺术价值。河北唐县有一块“六郎碑”，是后人为纪念宋代将领杨延昭（六郎）镇守三关的功绩而建立的，碑立于当年六郎伏兵大败辽军之处，用石碑来颂扬某人的功德，使之流芳后世，这就是“树碑立传”。还有一类专门为某地或者某处题名的石碑。清乾隆十五年（1750）在北京西郊修建了清漪园（今颐和园），将原来的瓮山和西湖定名为万寿山与昆明湖，第二年特地在前山腰上立了一座巨石碑，上刻题名“万寿山昆明湖”，碑后面还刻记了修清漪园的经过。石碑上除了刻文字外，还有刻像的，称为“造像碑”，主要立在寺庙里，碑上往往刻画佛、菩萨、弟子、天王等像。

石碑具有多方面的价值，首先，它记述了历史，无论是记事或者记人，石碑都真实地记下了历史的片段，它比早期的竹简和后来的书籍都保存得更长久。

其次，石碑留下了历代书法家的真迹。书法艺术是我国古代文化很重要的一个部分，历代书法家既讲究继承，又讲求创新，他们都是在观摩、临摹、研究前辈名家书法的基础上，融会贯通，发挥自己所长，从而创造出个人的风格和流派。古代的书法都是靠竹简、纸张和石刻留传到后世的，其中以石刻最为长久而不易损坏。而石碑上的碑文有许多为名家撰文书写，所以石碑往往成了历代著名书法家真迹的汇集所在。

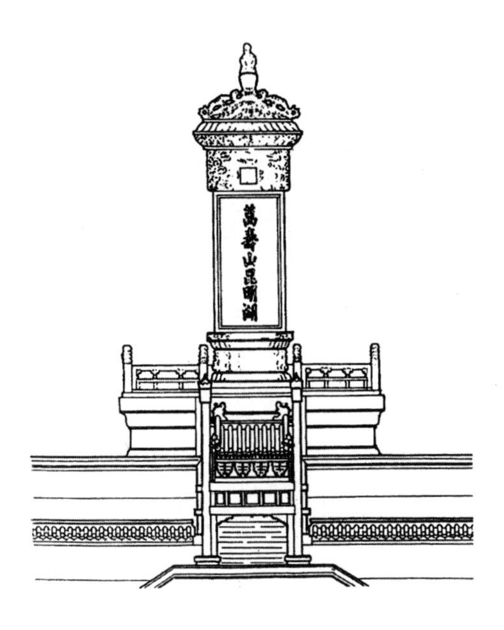

北京颐和园“万寿山昆明湖”碑

浙江绍兴西南郊的兰亭是东晋大书法家王羲之与他的好友作褉（xì）饮之乐的地方，每年三月初三，春日暖暖，众好友聚会野外，围坐在自然的曲水边，把酒杯放在水上随曲水漂流，酒杯停在谁面前，谁即饮此酒并罚咏诗一首，以此为乐。这种形式逐渐成了古代的一种民俗，而且后来把自然的曲水变成了人造的弯渠，形成了后世的“曲水流觞”，紫禁城宁寿宫花园内就有一处这样的曲水，名为“褉赏亭”。

但兰亭之所以有名，实因王羲之在这里欢饮之后，亲笔写了一篇著名的《兰亭集序》，记述了这次修褉的盛况。王羲之被后世尊为书圣，所以唐宋以来，不少书法家都好临摹《兰亭集序》。这类临摹的书刻石碑在兰亭就集中了 10 余种，清代康熙、乾隆二帝又先后来这里题字树碑，还建有一座“流觞亭”，亭前有鹅池，池畔立一石碑，上刻“鹅池”二字，亦传为王羲之手笔。

不大的兰亭就集中了如此多的碑碣，可见书法艺术在中国文化上的重要地位。如今在西安碑林和山东泰安岱庙都集中了为数众多的历代石碑，唐代欧阳询、颜真卿、柳公权，宋以后的米芾、蔡京、苏轼、赵孟等著名书法家的真迹在这里都有保存。

石碑还具有很大的艺术价值，因为在碑头、碑身、碑座各个部分都有石雕做装饰，它为古代雕刻艺术留下了宝贵的资料。首先看碑头，在众多的石碑中，见得最多的就是刻着龙纹的碑首，这种形式在宋朝记载建筑规范和样式的专著《营造法式》中就有规定。在石碑图中，由左右各三条龙相交，中央留出篆额天空，龙在碑的侧面，龙头向下，龙身拱起，相互交叉组成图案。当然在各地石碑中，这种标准形式也有所变化，例如碑身厚者，一边用四条龙，碑身薄者，一边只用两条龙；龙头有的不在侧面而展现在碑的正、背两面。龙的体态，有的刚健有力，有的则软绵而缺乏力度，技法高低差别也很大。自然并非所有石碑碑首都是这种盘龙的形式，有的碑头做成房屋四面坡屋顶形式，有的呈规则的方形，只在石面上施以雕刻做装饰。

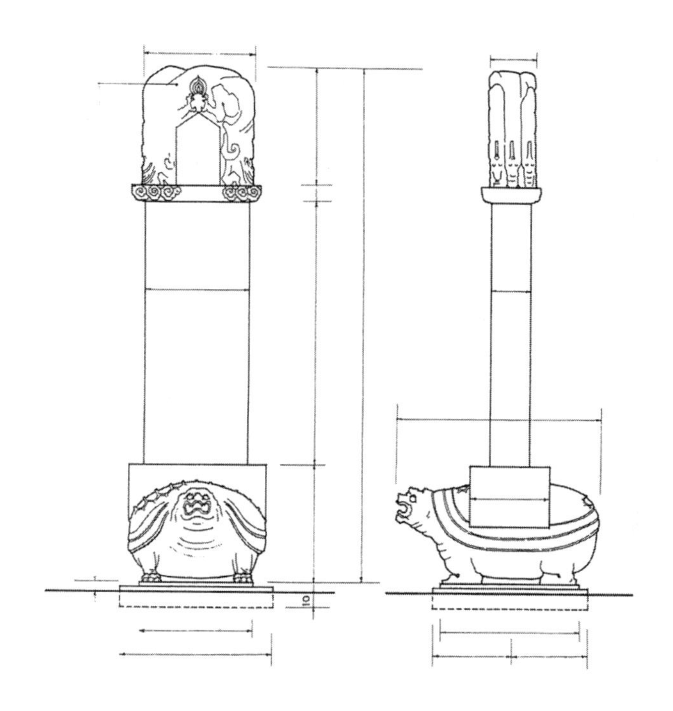

宋《营造法式》中石碑图

（选自《营造法式注释》）

碑身为石碑的主要部分，它是书刻碑文的地方，所以装饰比较少，最多只在碑身的四周有一圈雕刻花纹作为边饰。少数石碑的侧面也有满布花纹的，这类雕饰往往带有时代的印记。唐代石碑的边饰多用连绵的卷草花纹，枝叶繁茂而丰满，线条飘逸而流畅，雕法用表面平整的浅浮雕，表现了我国古代装饰艺术处于高峰时期的唐代风格；清代石碑的边饰，尤其在宫殿、陵墓、皇家园林的石碑身上，多喜用龙纹，加上中浮雕的雕法，使龙身突出，反而失去了作为边框装饰应有的含蓄，无论是主题的艺术造型，还是雕刻技法都大大不如前代了。

石碑的碑座最常见的是以龟为座。龟是一种水生动物，寿命较长，耐饥饿，所以虽常栖水中但也能待在陆地上。龟的腹背有硬甲，在遇到外界袭击时，头尾、四肢皆能缩入甲内以作自卫。正因为龟有这些方面的特性，所以在古代被当成一种神兽，并与龙、凤、麒麟齐名，合称为四灵兽，又与龙、凤、虎合称为四神兽，在风水学里代表着北方之神，因此自古以来就有不少神话般的传说附加在龟的身上。

远在商代就以龟甲作为占卜的工具，在龟背上记下占卜的内容，即为甲骨文，甲骨文成了中国古代早期的记事文字。生长在海中的大龟又称为鳌，传说共工氏怒触不周山，天柱折断，地维缺陷，女娲氏断鳌足以立地之四极，支撑住天地，可见其力量之大。所以在宋《营造法式》中将碑座称为“鳌座”，以鳌撑天之力来背负石碑之重。

龟之成为碑座还有一段有趣的传说，龟力量大，善于负重，但它又好扬名，常常驮着三山五岳，在江海中兴风作浪以显示自己，大禹治水时收服了龟并用其所长，让它推山挖洞。治水成功后，大禹搬了一块大石头让龟驮在背上，在石头上刻着龟治水的功劳。如此一来，龟既无力再去兴风作浪，同时自己的名声又得到了宣扬。这可以说是大禹调动了龟的积极性，又抑制了它消极性的一种成功做法，从此以后，龟才成了碑的基座。这当然是民间的神话，但也反映了人们对龟的一种认识。

不知道从何时开始，龟又成为龙的儿子了，并得名为“赑屃”（bì xì），赑屃性好负重，所以用来承托石碑。其实龟与龙并无关系，龟是海里动物，龙为炎黄子孙创造的一种图腾，龟之所以成为龙家族的一员也只是人造的神话而已。当然碑座也有不用龟的，有的碑座做成须弥座的形式，有的只是一块方石，比碑身略大，上面有些雕刻做装饰。

可以说，众多的石碑是一部石头史书，在它身上记载着历代历史、科学、艺术等多方面的丰富内容。四川成都的武侯祠是纪念蜀国丞相诸葛亮的祠堂，祠内有一座武侯祠堂碑，记述了武侯诸葛亮一生的功德，由唐代宰相裴度撰文，著名书法家柳公绰书写，著名工匠鲁建刻字，明代四川巡按华荣在碑上题跋曰：“人因文而显，文因字而显，然则武侯之功德，裴、柳之文字，其本与垂宇不朽也。”在这里，华荣同时赞美了诸葛亮的功德、裴度的文章和柳公绰的书法，所以后人称此碑为“三绝”碑，又有将鲁建刻字之美亦称一绝，合称为“四绝”之碑，因为文章、书法再好，如没有精湛的刻技，也不能留下名家墨迹。小小的一座石碑就具有如此重要的历史价值和艺术价值，可见碑碣这类建筑小品也是我国古代文化中一份重要的遗产。

图书在版编目（CIP）数据

中国建筑史话：典藏版 / 楼庆西著. —北京：中国国际广播出版社，2020.12（2023.11重印）
（传媒艺苑文丛.第一辑）
ISBN 978-7-5078-4777-2

Ⅰ. ①中…　Ⅱ. ①楼…　Ⅲ. ①建筑史—中国　Ⅳ. ①TU-092

中国版本图书馆CIP数据核字（2020）第239025号

中国建筑史话（典藏版）

著　　者　楼庆西
出 品 人　宇　清
项目统筹　李　卉　张娟平
策划编辑　筴学婧
责任编辑　梁　媛　李　卉
校　　对　张　娜
设　　计　国广设计室

出版发行　中国国际广播出版社有限公司［010-89508207（传真）］
社　　址　北京市丰台区榴乡路88号石榴中心2号楼1701
　　　　　邮编：100079
印　　刷　环球东方（北京）印务有限公司

开　　本　710×1000　1/16
字　　数　90千字
印　　张　10.75
版　　次　2020 年 12 月 北京第一版
印　　次　2023 年 11 月 第三次印刷
定　　价　29.00 元